国鉄型特急車両

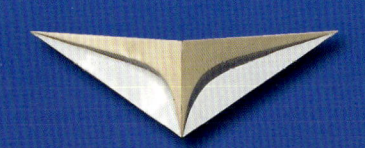

電車・気動車
全車種コンプリートビジュアルガイド

JN199986

INDEX

電車

直流

直流・振り子式

交直

交流

交直・寝台

181系

「こだま型」と呼ばれる
戦後の国鉄特急の花形

国鉄初の特急型電車として設計されたモハ20系を始めとしたシリーズ。特徴的な先頭車両のデザインはイタリアの高運転台式展望型電車をモデルにしたもので、ボンネット部分は機械室。全車に冷房が完備され、国鉄初のビュフェ車を併結した。車体外装は地色がクリーム4号、窓周りや車両下部当などに赤2号の帯を

配した塗装。特急シンボルマークやJNRのロゴなども設定され、以降の国鉄型特急にも使用された。1958年1月に東京〜神戸間で『特急こだま』として8両編成でデビュー。東京〜大阪間を6時間50分で走行した。最高速度は110km/h、設定最高速度は160km/hで、翌年には東京〜大阪間の所要時間を10分縮めた。

以降、1962年に急勾配＆耐寒耐雪構造の161系、1964年に新たな国鉄標準仕様に準つつパワーアップを図った181系が登場した。

SPEC
製造年●1958年〜1978年
導入●1958年11月 1日
引退●1982年11月14日
製造数●227両

材質●普通鋼
最高速度●120km/h
　　　（当初は110km/h）
所属●日本国有鉄道／
　　　JR東日本

モハ20系は後に151系と改称。客車特急『つばめ』『はと』の
展望車からの代わりとして、1等特別車席の「パーラーカー」
を連結したビジネス特急

国鉄電車初の全室食堂車サシ151は、オシ17客車をモデルと
した車両だが、調理器具は全て電化済。客室内食堂側に収
納式の回送運転台が設置されていた

モハシ21(後のモハシ151)は、国鉄車両初の立食スタイル
のビュフェ車で、車両の半分は3等客室(後の2等車)。編
成の登場時は連結部にゴム製の外幌が装着されていた

神戸方の先頭車両がパーラーカー。車両側面の窓が高さ1mと大きいため、車両側面の帯の塗
装もやや太いが、車両後部は他の車両に合わせるために細くなっている

1960年6月からは東京～大阪間を6時間半で結んだ特急こだま。8両編成で、表定速度は86km/h。翌年10月のダイヤ改正時から11両編成化された

東海道新幹線開業後は、博多へ乗り入れも行っていた『特急つばめ』。その際には電源車サヤ420が必要になるため、スカート部にジャンパ連結器やエアホースを備えている

当初は固定式だったヘッドマークが交換可能となったほか、こだまのヘッドマークと異なり上下にグレーの帯が入っている。またこの車両は、スカートのタイフォンの位置が異なっている

山陽本線の難所である瀬野～八本松（通称セノハチ）を走行する151系。同区間は22.5‰が、10.6kmに及ぶが、151系は平坦線区用のためEF61が連結された

東海道本線の山科のカーブで80系と並ぶ151系の『特急はと』。電車化の際に一度は特急つばめに吸収されたが、1961年の10月に特急列車として名称が復活した

東京〜名古屋間を結ぶ『特急おおとり』。運転時間帯による利便性が高く、日帰り出張などに重宝された。新幹線開業後は北海道で同名の特急が誕生する。写真は茅ヶ崎駅

東京〜宇野間を結んだ『特急富士』。宇高連絡線に接続する四国連絡列車。1964年の東海道新幹線開業とともに寝台特急に転身した

1957年の高速度試験で、当時の狭軌鉄道における世界最高速度の163km/hを達成。ヘッドマーク下にチャンピオンマークが設置された

急勾配と耐寒耐雪構造に対応した車両。上越線の勾配に適した抑制ブレーキを備えるために、157系の機器類と151系の車体をベースにして製造された。スノープロー付きで、スカートが短いのが特徴。前面は151系に似ているが、赤帯やタイフォンカバーなどが異なる

161系は、1962年から上野〜新潟間を走行した『特急とき』に投入された。東海道・山陽本線以外では初の電車特急。写真は食堂車を連結した9両編成。当時は1日1往復を走行

（上）181系は、151系と161系の性能を統一して誕生。0番台、40番台、50番台が改造車で、100番台は新造。主電動機はMT54、主制御器はCS15Bに

（左）1969年頃から、交換作業の省略化のために、一部の車両はヘッドマークがロールマーク式に改造された。表面に固定されたガラスの下を、表示幕が回転する形

181系改造された151系。山陽本線用では、1965〜1966年に実施。パーラーカーのクロハ151は、利用率の低下から開放室部分が普通座席化された

山陽本線を走行する181系はボンネットに赤帯がなく、改造前の151系に由来する長いスカートを履いている。運転台横のミラーは後年撤去された

改造で補機が不要になり、急勾配を単独で走行する181系の『特急しおかぜ』。1973年に485系に置き換えられ、車両は長野と新潟に転属した

181系 0番台（上信越）

151系から181系への改造車。上越線を主に走行していたが、1966年から中央本線の『特急あずさ』にも使用されるようになった

中央本線を走行するため、狭小トンネル等の対策として、パンタグラフの高さ調整や、運転台上の前照灯の撤去等の改造が実施された

165系の『急行佐渡』と並ぶ181系の特急とき。前面に赤帯が入っていない、クハ181車両。181系の制御システムは165系に準ずる仕様となっていた

（上）モハ20系時代から走行していた初期車から改造された、181系の特急あずさ。狭小トンネルの多い、中央本線初鹿野〜勝沼間を走行する様子

（左）EF63に牽引されて碓氷峠を下る、8両編成の『特急あさま』。写真は1957年の高速度試験の際のマークつきのクハ181。碓氷峠対応工事済だが、EF63とは非協調

11

181系 40番台

161系を181系化改造した車両が40番台。161系に準ずる仕様だが、制御システム、主電動機、主制御器、ノッチ、ブレーキ等が改造された

特急あずさとして使用される40番台車両。運行開始当初の特急あずさの車両は、特急ときと共通運用。中央東線対策として運転台屋根上の前照灯が撤去されている

1966年12月12日に運転を開始した特急あずさ。前面に運行開始記念の装飾がなされている。中央本線初の特急列車として、新宿～松本間を3時間57分で走行した

40番台の正面。161系と同様、特急マーク下の赤帯が大きな特徴。またスカートのタイフォンカバーも同じ形状

151系を181系化改造した車両が50/60/70番台の車両。写真の先頭車は、クロ151→クロハ181→クハ181に改造された、クハ181-60番台の車両

50番台の先頭車の中には、パーラーカーであるクロ151から直接クハ181に改造された車両が存在する。1965年に改造された53番と56番がそれにあたる

50番、60番台の改造車は、新造のクハ181と一見同じように見えるが、車体が500mm短い、窓間の幅やシートピッチがやや狭いといった違いがある

クハ181-70番車両。サハ180を先頭車化改造したもので、100番台と同様の前頭部が接合されている。車両番号は1次車と同じく、切り文字を鋼板に貼り付けた仕様

181系 100番台

耐寒耐雪装備や、狭小トンネル対策が実施された100番台。1965年の特急あさま、1966年の特急あずさの運転開始に伴う増備の際に新造された

運転台上の前照灯は初めから設置されていない。運転台横にミラーが付いていたが、後年外された。161系と同様の前面赤帯だが、スカート上のタイフォンカバーは楕円形

スカートが短くなった代わりに、スノープローが設置されているのが特徴。付随台車はTR69C、電動台車はDT32Cへと変更されている

1973～74年の豪雪時に、故障や破損が続出した181系。老朽化も進んだため、183系1000番台の製造が開始され、181系を置き換えていった

特急とき、特急あずさの共通運用は1973年に解消。特急あずさからは食堂車が外されて、長野運転所に転属に。特急ときには別途食堂車が連結された

クハ180の5番車両。信越本線の横川〜軽井沢間でEF63を補機として連結する側の先頭車両。前面下部に自動連結器を備えているが、カバーは省略されている

クハ180

クハ180の車両前面。100番台と同時期に新造された車両だが、クハ180にのみ、0番台が振られている。クハ101と異なり連結器にカバーがない

181系はEF63と協調運転が行えないため、非協調運転のままで走行が可能な8両編成に長さが制限されていた

特急あずさ運用にも入るため、クハ180も中央東線の対策がされている。写真は違うがクロハ181をクハ181形60番台のように普通車改造したクハ180形50番台も存在した

クハ180形5番。この車両は上越新幹線開業時まで活躍。その後クハ481系500番台に改造され、九州に転籍

上越新幹線の開業を間近に控えたタイミング。485系への転用を前提に製造したサロ181形の
1050番台、1100番台などの車両が、編成に組み込まれた。写真は1982年9月

181系は老朽化が進んでおり、上越新幹線開業時に廃車になることが予定されていた。しかし、開業が大幅に遅れたために先に検査が切れてしまい、運休になる列車が発生した

181系の最後の新造車として、1978年に製造されたサロ181-1100番台。転用を見越してサロ481形をベースに作られているため、車高が異なる

最盛期に1日に13往復を走っていた181系特急ときは、183系増備により1978年には3往復に。同時期に、ヘッドマークが「とき」の絵入りのタイプに変更されている。写真は1980年2月

181系特急の主な路線図

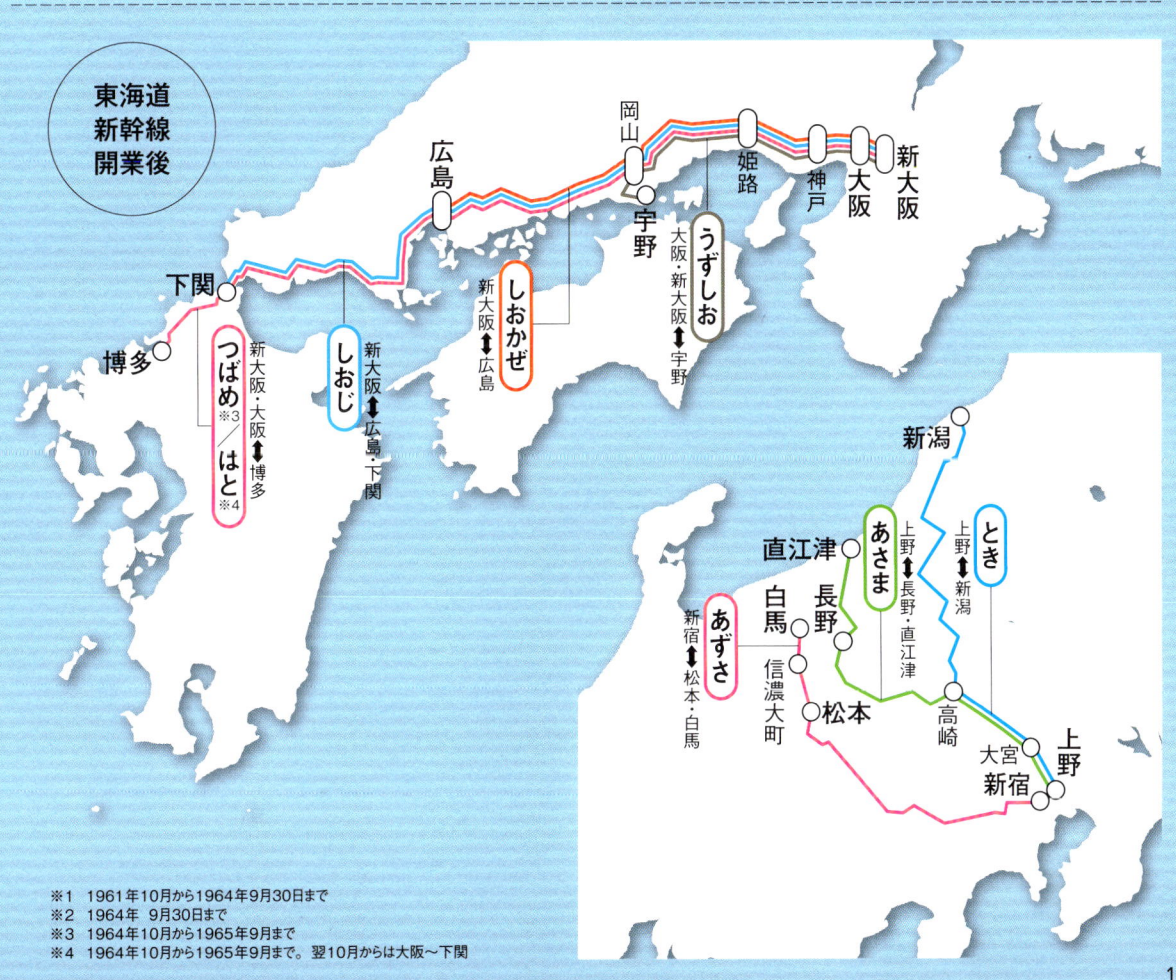

※1　1961年10月から1964年9月30日まで
※2　1964年　9月30日まで
※3　1964年10月から1965年9月まで
※4　1964年10月から1965年9月まで。翌10月からは大阪〜下関

183系

トンネルも急勾配も走る房総初の特急用電車

1972年の総武本線の東京駅地下への乗り入れ開始と、内房線・外房線の全線電化開業に伴い、それまでの急行を格上げする形で房総初の特急電車としてデビュー。基本編成は9両で、普通列車としても使用できるよう、車体側面の客用扉は2カ所。途中駅での分割運用を想定して、先頭車両は貫通式となっている。

構造が同時期に製造された485系200番台に似ている。中央線での使用も検討されていたため、モハ183形に設置されているパンタグラフは狭小トンネル対応のものになっており、運転台のライトの設置も見送られている。また、多客期における直流区間各線での使用を考慮して、碓氷峠も8両編成であれば走れる仕様。

後に信越本線での需要が高まったため、耐寒耐雪仕様かつ12両編成で碓氷峠を越えられる189系が開発された。

SPEC

製造年●1972年～1982年	製造数●353両
導入●1972年7月15日	材質●普通鋼
引退●2019年3月15日 （189系定期運用）	最高速度●120km/h
	所属●日本国有鉄道／ JR東日本

183系 0番台

写真の編成は日本車輌で製造された0番台。投入前の試運転を飯田線の豊川で行った際のもの。0番台は主に『特急わかしお』『特急さざなみ』として、東京・新宿〜安房鴨川・館山間を走った

（左）東京駅地下へ乗り入れるトンネルを通るため、前面に貫通扉を備える。また、急行での運用時の増解結用に、ジャンパ連結器を設置
（右）総武本線の地下トンネルを出る特急わかしお。183系はこのトンネル開通（1972年7月）と同時に登場。以後、多くの列車の発着が両国から東京に変更された

183系のメインルートである内房線をゆく『特急さざなみ』。全線電化前の内房線は房総西線と呼ばれていた。1984年4月の浜金谷〜保田間

1975年3月から運行を開始した『特急あやめ』は、東京～鹿島神宮間を結ぶ列車。写真は1978年5月に総武本線の錦糸町～馬喰町間を走行中のもの

1975年3月に『急行犬吠』の格上げ列車である『特急しおさい』が登場

碓氷峠を走る『特急そよかぜ』。183系は碓氷峠通過対応車だが、EF63とは非協調運転のため、走行できるのは8両まで。通常編成の9両から2両が外されている

直流式特急電車では初の集中式冷房装置AU71Aをパンタグラフのある車両に搭載。それ以外の車上には分散式冷房装置AU13E（イチサン）を設置

1978年10月のダイヤ改正から、特急にイラストなどをデザインしたヘッドマークが掲出されるように。写真は初の「絵入り」のマークを掲げた特急あずさ

老朽化により廃車目前の181系で運用されていた『特急とき』。上越新幹線の開業と共に廃止の予定だったが、開業の遅れで車両の限界に達し、183系が特急とき9号/22号に投入された

上越線を走る1980年2月の『特急新雪』。スキー用列車のはしりのような存在。冬季の房総で余剰となった車両が、上野から上越線沿線へと向かうスキー客の足となった

1987年に撮影された、東京湾沿岸を走る特急さざなみ。それまで二つとも使用されていたパンタグラフの片側が下りている

民営化後、車体側面にJRのロゴが入れられた。写真は1988年に上越線の越後中里〜岩原スキー場前間を走行する、冬季の臨時列車『特急新雪』

冬季の臨時急行列車『シュプール白馬』としても運用された183系。写真は1994年2月に大糸線の信濃木崎〜北大町間を走行中のもの

1985年頃、利用客の少なかった特急あやめ、特急すいごうからはグリーン車と電動ユニット1個分の2両が外され、9両→6両編成で運行。外された3両は多客期の特急しおさいなどに利用された

183系 0番台 6両/9両編成

（左）1982年11月のダイヤ改正時に登場した『特急すいごう』。『急行すいごう』の格上げ列車で運転区間は両国〜佐原〜銚子。1988年までに、始発駅は両国から東京に変更になった

（右）1987年頃に、利用客の少なかった9両編成の特急あやめ、特急すいごうから3両が外されて、イベント時等にのみ増結されることに。ジャンパ連結器の増設が実施された

6両編成に、3両編成を増結した、中央本線の臨時列車。183系の先頭が中間車とつながって走行している様子がよくわかる

1990年7月から新宿～成田間で運行された『ウイングエクスプレス』。1991年2月からは東京～成田空港間などで『成田エクスプレス』の補完列車として走行

1990年頃に2シーズンだけ運行された『ウイング踊り子』。1990年5月に東海道本線の根府川～真鶴間を走行中の様子

『特急かいじ』。1993年3月に中央本線の高尾～相模湖間を走行中のもの

6両編成で運用された特急かいじ。写真は1993年5月に中央本線の長坂～小淵沢間を走行中のもの

（上）新宿〜千倉間を結ぶ臨時特急『特急ビーチインBOSOさざなみ』。写真は1997年1月時点。グリーン車を連結していない8両編成。特急さざなみは東京発だったが、この列車は新宿発

（左）先頭車両の列車名表示がLEDに変更に。また、1996〜1998年頃にかけて、基本の9両編成からグリーン車が外されて、8両編成となった。写真は2004年1月の総武本線

車両先頭の列車名表示と、行先方向幕がLED化された、8両編成の特急さざなみ。写真は1999年6月に内房線の岩井付近のもの

8両編成に続いて、9両編成の列車名等の表示もLED化された。写真は1997年5月に中央本線の阿佐ヶ谷〜荻窪間を走行する9両編成の特急あずさ

183系 1000番台

1974年の豪雪などで、181系が相次いで故障・運休。対応策として当時設計中の189系をベースに新造されたのが1000番台車両。以降は『特急とき』の主力車両に

0番台とは違い、車両前面は非貫通。耐寒・耐雪仕様。車両上部の送風機の部分に雪切り室が設けられている。車体正面や乗務員扉付近の塗装などもやや異なる

（左）上野に入線する、12両編成の特急とき。181系にはあった食堂車を連結していない。パンタグラフが付いた車両はモハ182形。写真は1979年1月

（右）189系の設計をベースとしているため、運転席上部にライトがない。上野方面を向いた偶数番台の車両で、ジャンパ連結器が二つ設置されている（奇数番台の車両の設置は一つ）

1981年1月、豪雪地帯である上越線の小出に停車中の、耐雪・耐寒仕様の特急とき。隣はEF58

1978年製造の第三次製造車である、サロ183形1050番台
（サロ481形の改造車）を連結した車両。1050番台は1000番
台などとは窓の高さが異なる。ドアステップが付いている

（左）クハ183の1000番台車両。ジャンパ連結器が1台（片側
のみ）であることから、奇数番号の車両であり、新潟方面を
向いていることがわかる

（右）耐寒・耐雪仕様の183系の導入で、上越線沿線の大雪
による故障や事故は激減。181系は次々と183系に置き換えら
れ、引退前には14往復中11往復が183系に

1000番台車両には、0番台にはない運転席後部の窓が設置
されている。また、乗務員扉の上に赤色の帯の塗装が重なっ
ていない（0番台車両は、帯が扉に重なって塗られている）

1982年11月14日、特急とき運行最終日。翌日からは上越新
幹線が開業となった。以降、1000番台は中央本線、内房線、
外房線内を走る特急列車に利用された

1978年製の第三次製造車。クハ183の1027番と1028番の車両のみ、車体前面の銀の飾り帯が低い位置についている

手前が1000番台、奥が485系の1000番台。比較すると1000番台はサイドの赤帯が乗務員扉で分断されているほか、運転席上のライトも設置されていない

クハ183の8両は自動列車制御装置ATC-5型を搭載するために先頭車両の座席2席を撤去したため、乗降ドアの後ろの窓が小さくなっている

上越線から房総への移転が決まった、クハ183-1500番台の車両を先頭に走る特急とき。写真は1982年9月の五日町〜浦佐間

1976年3月に157系から183系1000番台に置き換えられた『特急あまぎ』。写真は東海道本線の早川〜根府川間

157系から183系に置き換えられた10両編成の特急あまぎ。4号車、5号車はグリーン車車両

（左）1975年末頃、157系の『臨時特急白根』は田町電車区の183系1000番台に置き換えられた。編成は7両編成で、1982年11月まで運用された。写真は1977年の吾妻線

（右）1981年の185系の登場により、特急あまぎと『急行伊豆』が統合され、『特急踊り子』に改称。183系車両で1985年3月まで定期運用された

東京駅地下ホームで並ぶ0番台と、クハ183-1500番台の車両。前面の貫通扉の有無を見比べられる。房総用の車両は先頭車のみ1500番台で、中間車は1000番台となっている

1982年の上越新幹線開業の際に、余剰となった183系は房総特急などに転用。房総急行が特急に格上げされ特急すいごうなどが誕生。写真は6両モノクラス（グリーン車なし）編成

1500番台による9両編成の特急あやめ。写真は1982年11月に総武線の佐倉〜物井間を走行中のもの

外房線を走る1500番台9両編成の特急わかしお。車両前面の銀の飾り帯が、通常より低い位置に付いている。写真は1993年で、この後に第二パンタグラフが撤去される

京葉線を走る1998年の特急さざなみ。京葉線全線が開業し、1991年3月からに特急さざなみと特急わかしおは、総武線の地下ホーム発着から、東京駅の地下ホーム発着に変更になった

サロ183-1050番台が組み込まれている特急あずさの編成。1982年に上越線を走っていた183系が長野運転所に移転。189系と、幕張電車区所属の183系で運転していた特急あずさの大半が置き換えられた

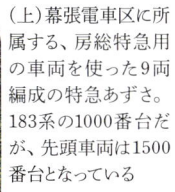

上野発の臨時列車の特急新雪。幕張電車区に所属する1500番台の車両が使用されている。写真は1981年1月、上越線の土樽～越後中里間のもの

（上）幕張電車区に所属する、房総特急用の車両を使った9両編成の特急あずさ。183系の1000番台だが、先頭車両は1500番台となっている

（左）1988年3月から特急あずさのうち、甲府発着の列車が特急かいじとして分離され、一部が6両編成で運転された

1986年に実施された房総特急の短編成化などの運用改変の際、1028番の車両（車体前面の銀の飾り帯の位置が低い車両）は、幕張電車区から松本電車区に転属になった

全国的な短編成化の流れを受けてか、1986年11月から特急あずさも9両編成になり、増発された。

485系の中間車だったサハ481もクハ183に改造され、特急あずさの先頭車として利用された。写真はサハ489改造車の101番と102番。行先表示器がなく客用扉にステップがある

クハ183形の103番、104番、105番を用いた編成。すべて489系、485系からの改造車両。中間車と、床板から窓までの高さなどが異なる。車両側面前方に行先表示器が付いている

103番、104番、105番を用いた編成。元489系、485系の改造車で、側面後部の行先表示器が埋められており、側面前部に新しく新設されている。また、先頭車の客用扉にステップが付いている

通常の183系1000番台の特急とき。編成も基本編成。前方側面の塗装も、乗務員扉上を含めて塗装されている

クハ183-150はサハ489の改造車で、コンプレッサの設置位置や、先頭車の長さに特徴がある。また、前方側面の縞の塗装がクハ481と類似している

183系

サハ481を改造したクハ182の2番が先頭の特急あずさ。車両側面後部の行先表示器が埋められている。車販準備室、業務用室が残っているため、先頭車後部に小窓がある

クハ182-104番(改造車)を先頭にした特急あずさ。最終的に、車両番号が偶数の車両が7両、奇数の車両が7両の、合計14両が運用された

183系 1000番台 グレードアップ車

1987〜1989年頃にかけて、9両編成8本がリニューアル改装。塗色やシートの変更や、指定席車両の窓の拡大などを実施

自由席車両を先頭にした特急あずさ。1号車から3号車が自由席車両。指定席車両とは違って窓は大型化されず、従来のサイズの窓のまま塗装変更がされている。車内チャイム曲は「信濃の国」

（左）先頭車改造車のクハ183-103番を先頭に走る、グレードアップした特急あずさ。指定席車両の窓が拡大され、車体側面の行先表示機が埋められている

（右）車体正面。白地に緑と赤色のラインと、車体下部にグレーのラインが塗装されている。特急マークがついていたのはこのグレードアップ車まで

34

1992年頃に、全編成の塗色が変更された。車体正面の特急のシンボルマークが外され、側面に特急あずさのロゴが描かれた。写真は自由席車両を先頭に走る9両編成

183系 1000番台 あずさ色

183系

（左）車両前面。塗色の変更だけではなく、愛称表示器の上にあった特急のシンボルマークか外された

（右）あずさ色になってからの側面。窓が拡大改造された指定席車両

リニューアル改装済の特急あずさ。前6両と後ろ3両で窓の大きさが違うのが分かる。前6両は指定席車両

先頭車は過去に485系の中間車からクハ183-100などに改造された車両。側面の帯の塗装が揃えられたが、車両によって窓の高さが異なっている

（左）先頭車両は183-150。塗装が変更され、側面窓上にあった方向幕が埋められている。運転台下のルーバーがない
（右）クハ183-1528。改造車ではないが、車体正面についている飾り帯の位置が低く、飾り帯も塗色で塗りつぶされている

（左）サハ481を改造したクハ182形0番台を先頭にした特急あずさ。塗色変更済み。写真は1993年の荻窪～阿佐ヶ谷間
（右）485系を先頭車改造したクハ182-100。リニューアル改造されていない車両で、車体側面窓上の行先表示機が残っている

（左）クハ183-1022で運行される『快速ムーンライトえちご』。2010年3月～2012年3月にかけて、幕張電車区に所属する183系の31編成、32編成の2本が使われた
（右）あずさやかいじの定期運用終了後、183系は一部短編成化され、臨時列車や団体列車に使用された

183系 1000番台 国鉄色

E257系が特急あずさや特急かいじに投入され、183系の多くは臨時列車等に利用された。2000年頃から国鉄色が登場。写真は2004年当時の1001番。国鉄色だが特急のマークがない

クハ182の101番が先頭。リニューアル改造済み。拡張された窓の大きさに合わせて、車体側面の塗色（赤い帯）の幅も広げられている

あずさ色から国鉄色に戻された、改良・改装済みの車両を含む、特急かいじの9両編成。定期運用中。自由席車両（前3両）の窓は拡張されていない。写真は2002年3月

クハ182-102番が先頭。改良・改造済みのグレードアップ車を含む9両編成。車体前面には特急のシンボルマークが戻されている。2001年7月中央本線

クハ183-1528番の車両。車体前面の飾り帯の位置が低い。両先頭車が183系で中間車が189系。1528番は北陸新幹線の金沢開業時まで活躍した。写真は2015年3月

189系

189系は、特急あさまを12両に増車するため、1975年に登場。EF63との協調運転が可能で、それまで8両しか連結できなかった編成の12両化が可能となった

（左）181系の特急あさまはすべて189系に置き換えられた。グリーン車を2両連結したこともあり、軽井沢人気の上昇による乗客数の増加に対応した

（右）長野側の先頭車両は0番台、上野側の先頭車両は500番台。特急あさまだけではなく、『特急そよかぜ』にも利用された

基本設計は183系と近いが、信越線碓氷峠の急勾配に対応する協調運転用の装置や、運転台下部のスリットの面積、連結器周辺、車端部より2番目の窓が開閉できるなどの違いがある

上野方面へと向かう12両編成の特急あさま。EF63と連結可能なクハ189の500番台が先頭車。各車とも車体の端から2番目の窓が開閉できる

189系が先頭車両の特急あさま。183系の1000番台と基本設計はほぼ同じだが、運転台下のルーバーの数や形等が異なる。車体の塗装は同じ

（左上）1984年の特急そよかぜ。上野〜中軽井沢間などを走った不定期の特急列車で、写真は高崎線の神保原〜新町間

（右上）碓氷峠を走行する様子。EF63のみでは賄えない4両分の動力を補った。協調運転の際の運転操作は行わず、下り列車の先頭車両に乗車した運転士は、信号確認のみを行った

（右）碓氷峠を行き交う189系。いずれもEF63との協調運転中。写真は1988年11月に信越本線の横川〜熊ノ平信号場間

上越新幹線開業の際、余剰となった特急とき用の183系1000番台を189系に改造した車両。新造された189系と運転台下のルーバーの数などが異なる

上野方面へ走る『シュプール信越』。先頭車はクハ189-1500番台で、183系1000番台の改造車。他にも485系を189系に改造した車両も存在する

長野、直江津方面に向かう特急あさま。先頭車はサハ481を改造したクハ189-100番台。車体側面の行先表示機が新たに設置されている

サハ481を先頭車化改造した、クハ188-600番台を先頭車とする特急かいじ。写真は2003年3月の中央本線の猿橋〜鳥沢間

国の重要文化財に指定されている、碓氷第三橋梁（通称：眼鏡橋）付近を走る、189系の特急あさま。189系の投入によって、信越線の輸送力は向上した

EF63を2両連結し、協調運転を行う特急あさま。写真の場所は信越本線の横川〜熊ノ平信号場間

1990年頃から189系車両のリニューアル工事が実施され、シートピッチ拡大、窓の拡張、床位置などが変更された。特急マークも外され、塗色も変更された

183系

11両編成の特急あさま。グリーン車は座席の配置が1列：2列に変更され、トイレが洋式化された。窓が開いた車両の窓は開かなくなった

（左）白をベースに、モスグリーンとグレーの帯が塗られた。車体正面の、特急のシンボルマークは外されている

（右）EF63と連結して、協調運転で山を降りる、塗色変更後の特急あさま。側面に「ASAMA」のロゴが入っているのが分かる

189系 あさま色

183系1000番台から改造された、189系1000番台
の塗色変更後の姿。9両編成。90年代に入ると、
特急あさまは全車両がこの塗色に変更された

サハ481から先頭車化改造された、クハ188-100番台の塗色
変更後の姿。1994年8月に信越本線の軽井沢〜中軽井沢間
を走る特急あさま

特急あさま引退の前月にあたる1997年9月にのみ、土曜
休日に横浜〜長野間に運転された臨時列車の一つが『マ
リンシティーあさま』。専用のヘッドマークが掲出されている

塗装変更をした9両編成の特急あさま。中身も改装されてい
ない。1994年頃に183系、189系のパンタグラフの一部は撤
去されている。写真は1994年8月

信越本線の熊ノ平信号所〜横川間を走行する
EF63と協調運転中のあさま色。EF63は常に
重連で運行されている

北陸新幹線の開業に伴って、碓氷峠は1997年9月30日に廃止。特急あさまの運転も終了し、余剰となった189系は、183系1000番台を一部置き換える形で投入された

東北本線の西川口〜蕨間を走る『特急草津嬬恋』。北陸新幹線の開業後に、余剰となった189系は、各地の臨時特急などにも充当された

『快速しなのサンライズ』。北陸新幹線開業時に、しなの鉄道で169系を使って運行されていたが、廃車になったために189系が充当された。写真は2014年4月

大糸線を走る登山客向けの臨時列車『快速ムーンライト信州』。前身は夜行列車だった『急行アルプス』。写真は2016年5月の北大町〜信濃木崎間

利用客低迷により『信越リレー妙高号』は本数が低減。普通列車の『妙高』に格下げに。北陸新幹線の金沢開業時まで運行された

189系の中間車に、ATC対応のクハ183-1500番台を連結。東神奈川〜桜木町間の走行が可能になり『特急はまかいじ』として利用された

北陸新幹線の長野開業で特急あさまの運行が終了したため、信越本線の長野〜直江津間の連絡のために『快速信越リレー妙高』が投入された。車両はあさまと同じ

塩尻〜長野間で朝の通勤時間帯に走った『快速おはようライナー』。主に松本〜長野へ向かう通勤客の足となったが、2019年3月に廃止。189系の定期運用が幕を閉じた

1997年10月のダイヤ改正時、北陸新幹線の開業によって余剰となった189系の一部は松本電車区に転属に。塗色が変更され、特急あずさ、特急かいじとして利用された

『ホリデー快速富士山』は、『ホリデー快速河口湖』が改称された列車。あずさの定期運用終了後、189系は各所で臨時列車等に活用された

東中野付近を走行する特急あずさ。先頭車の運転台下のルーバーの数から189系であることがわかる。中間車は183系。写真は1998年4月中央本線の東中野〜中野間

山梨ディスティネーションのキャンペーンキャラクター『モモずきん』が描かれたホリデー快速河口湖。2012年10月に富士急行大月線の三つ峠〜寿間を走行中の様子

あずさ・かいじの定期運用終了後の189系で、あさま色から国鉄特急色に塗色変更、特急マークが外されている。写真は内房線を走る2007年の『特急新宿さざなみ』

国鉄色に変更された豊田電車区の189系。写真は、2014年1月に富士山〜富士急ハイランド間を走るホリデー快速富士山

2010年6月に東北本線を走行する修学旅行用の団体列車。田町電車区の189系は4両、6両、8両、10両で組成され、臨時列車や団体列車等に充当された

波動用輸送として、様々に活用された。定期運用終了後も、多客期には特急あずさとしても使用された。写真は2012年10月の中央本線・大月〜初狩間

先頭車両のみ、車体側面の帯の幅が拡張された窓に合わせて広げられている。それ以外の車両は、基本設計通りの帯幅になっている

彩野

189系を改造した『彩野』は、日光の紅葉をイメージしたカラーで2003年に登場。主に日光、舞浜、鎌倉等へ向かう臨時列車として設定された。写真は彩野を使った『快速やすらぎの日光号』

新宿～宇都宮～日光間を結ぶ快速やすらぎの日光号。2003年4月から営業運転が開始された

彩野の列車名は一般公募で決められた。彩の国さいたまの「彩」と、栃木県の旧国名下野の「野」を組み合わせたとされている

2006年3月からJR東日本と東武鉄道の相互直通運転が開始。JR新宿駅、東武日光駅・鬼怒川温泉駅間の相互直通運転が実現し、『特急スペーシアきぬがわ』『特急きぬがわ』『特急日光』『特急スペーシア日光（臨時列車）』の運行がスタートした。その際に、彩野は予備車となり、塗色が変更された

183系特急の主な路線図

185系

特急だけでなく通勤列車としても走った車両

1981年10月に登場。157系の『特急あまぎ』に153系の『急行伊豆』が吸収され、この車両に置き換えられる形で、『特急踊り子』としての運転を開始した。

車両設計は関西の新快速用117系がベースになっており、モーターは同時期の特急と同じMT54。車両断面は153系急行型に近しい。

窓の開閉が可能で、普通車はリクライニングしない転換クロスシート。客用扉が片側に2カ所ずつ設置されており、国鉄初の試みとして、特急用としても通勤用としても使用された。

0番台の車両は、急行伊豆と同じく10両＋5両の15両編成で、200番台は上越・高崎線系統の急行電車の置き換えに用いられたため、耐雪・耐寒仕様。高崎・上越線の急行と同じ7両編成で運用された。1982年まで、上野〜大宮間を走る『新幹線リレー号』としても使用された。

SPEC

製造年●1981年〜1982年	材質●普通鋼
導入●1981年3月26日	最高速度●110km/h
製造数●227両	所属●日本国有鉄道／
	JR東日本

白地に緑の斜めストライプの塗色が登場時の特徴。こちらは伊豆箱根鉄道の修善寺まで乗り入れられるように、5両編成（付属編成）となった。写真は1982年4月

（上）伊豆急行線内、伊豆高原～伊豆大川間を10両の基本編成で走る特急踊り子。ヘッドマークは伊豆の踊り子の横顔をイメージしたデザインとなっている

（上右）窓下に緑色の帯が塗装されている0番台の正面。一番の特徴は、車体前面に設置されているタイフォンカバーがメッシュ状となっている点

（右）屋根の上にはベンチレータがなく、通勤電車と同じ集中式冷房装置AU75C（グリーン車はAU71C）と、外気を取り入れる送風機が設置されている

側面の緑は、伊豆の木々をイメージしたもので、色は緑14号。斜めの帯は車体番号が重ならないように配置されている（200番台の車両は重なっている）

1986年11月のダイヤ改正時に登場した、全席指定の『湘南ライナー』にも185系が使用された。その後はホームライナーの人気を受けて増発。現在も営業運転を行っている

普通列車としても運用された185系。写真は東海道本線の平塚〜茅ヶ崎間を走る15両編成（1981年3月）。普通列車だが、先頭車両に特急シンボルマークがついている

民営化後の185系0番台15両編成。側面からJNRマークが消されており、客用扉横に、新たにJRマークが表示されている。写真は1999年6月、根府川〜早川間のもの

踊り子のデビュー前まで運行した急行伊豆のヘッドマーク。153系急行との共通運用のため、153系と連結可能なジャンパ連結器（KE9G）が設置されていた

民営化直後の1987年4月に撮影された特急踊り子。車体側面に、JRマークとJNRマークが両方表記されている

0番台 湘南ブロック

1999～2002年頃にリニューアル改造が実施され、車体色が湘南色のブロック状に。シートも回転式のリクライニングシートに変更。センサー付きの車内ドア等が設置された

湘南ブロック色の湘南ライナー。新宿方面に向かう『湘南新宿ライナー』『おはようライナー新宿』の人気を背景に、東海道本線には多くの本数のライナー列車が走行

2015年7月、伊豆の海を背景に走る特急踊り子。この時期に各線区の車両に強化スカートの採用が進められており、185系も強化スカート化されている

高崎線を走る0番台。『特急あかぎ』は、主に14両編成の200番台で構成されていたが、2014年当時は一日一往復だけ0番台の10両編成が使用された

2013年10月当時の、湘南ブロック色の5両編成。伊豆箱根鉄道・駿豆線の単線区間(伊豆長岡～韮山間)を走行

特急踊り子の30周年を記念して、リバイバルカラーに塗り替えられた車体。当初、基本編成と付属編成の各1本が塗り替えられた。画面右上の花は伊豆の河津桜。写真は2017年2月

185系

強化スカート化されている0番台のリバイバルカラー。185系車両がこの塗色に変更された。10両編成。写真は2015年7月に伊豆稲取～今井浜海岸間

200番台

1982年に登場した200番台は、耐寒・耐雪機能を付加したもので基本は7両編成。中近距離用の急行を特急に格上げする際、主に165系と置き換えるように投入された。写真は1982年11月のダイヤ改正時に、183系1000番台から185系200番台に置き換えられた『特急白根』。当時の国鉄で一番短かい樽沢トンネル（7.2m）を走行

200番台には、200系新幹線をイメージした緑の帯が描かれている。車両の内装は0番台と同じ。写真は1982年11月の上越新幹線開通時に登場した『特急谷川』

1982年6月の東北新幹線開業に伴って登場した『新幹線リレー号』。上野〜大宮間を結び、新幹線利用客の足となった。1982年11月に赤羽〜東十条間で撮影

利根川橋梁を走る『特急あかぎ』。1982年11月のダイヤ改正時に登場した『急行あかぎ』の後継列車。両毛線に乗り入れた唯一の特急で、ヘッドマークは赤城山のツツジ

一部は特急谷川に格上げされたが、1985年まで残っていた『急行ゆけむり』。運用の都合上、200番台の車両は165系電車との連結が可能となっている

200番台はタイフォンにカバーがついているのが特徴。写真は1985年3月に廃止された『急行なすの』に代わって誕生した『新特急なすの』

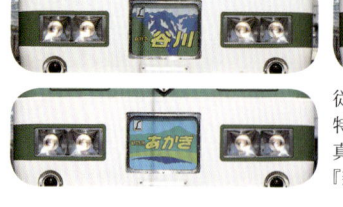

従来の特急と異なる自由席主体の「新特急」としても185系は活用された。写真は、『新特急谷川』『新特急草津』『新特急あかぎ』の各ヘッドマーク

200番台 JR化後

信越本線の横川〜軽井沢間の急勾配に対応する台車や連結器を備えている。高崎〜軽井沢間を走る『快速軽井沢リレー号』として、EF63が連結され、碓氷峠を一日二往復走行した

185系

民営化後の新特急なすのの7両編成。JNRマークが外され、ドア横にJRマークが描かれている。写真は1988年4月に東北本線の栗橋〜東鷺宮間

上野〜新前橋間などでは、「谷川+草津」、「谷川+あかぎ」など、前7両+後7両の14両編成で運行されることもあった。写真は1987年4月

根府川〜真鶴間を走る200番台の車両。1985年の新幹線リレー号の廃止で余剰となった200番台は、183系に代わって特急踊り子の増発などにも使用された。写真の4号車はグリーン車。1990年4月当時

1985年に200番台の車両にストライプ塗装が施された。0番台と異なり車体側面下部の車両番号上に緑のラインが重なっているほか、タイフォンにカバーで見分けがつく

新幹線リレー号を引退予定の編成。田町電車区に移籍して特急踊り子として利用されることから、すでに緑のストライプ塗装が施されている。1985年3月の写真

『特急日光』。日光に向かう臨時特急で、多客期にのみ運行されていた。写真は1992年11月で、157系を模したヘッドマークがついている

1995年に新幹線に『なすの』が誕生したことから、新特急なすのは『おはようとちぎ』に改称された。ほぼ朝にのみ運行された特急列車。写真は1996年1月当時

横浜線初の特急『特急はまかいじ』。運行に必要な車内信号システムATCを3編成に設置し、1996年に7両編成で誕生。横浜～甲府間を結び、後に松本まで延伸された

上越沿線のスキー場へと向かう臨時列車『シュプール上越』。田町車両センターに所属していた200番台車両を用いている。1988年2月の上越線の石打駅

土日に走る新特急あかぎの一部を『新特急ウィークエンドあかぎ』と改称して運行。田町車両センター及び、新前橋電車区の車両などが使用された。写真は1997年10月

1996〜99年頃に内装、外装共にリニューアルが施された。車体の塗色は、上毛三山を
イメージしたという3色のカラーに変更された

車体側面。黄灰赤の三色の他、新たに「EXPRESS 185」のロゴが入っているのが特徴。
1999年4月に『新特急水上』として岡部〜本庄間を走行中のもの

車体のカラーが変更された、14両編成の新特急あかぎ。列車
番号の表示器がLEDに変更されている。写真は1997年の東
北本線の蕨〜西川口間

車体正面もグレーと黄色の帯が塗られている。同時期に
ヘッドマークのデザインも変更され、上部にある3色の模
様は、上毛三山をイメージしたものといわれている

碓氷峠の勾配、EF63に牽引されて下る200番台の車両。碓
氷峠を最後に走った電車がこの形式。写真は1997年6月29
日の熊ノ平信号場〜横川間

200番台 強化スカート

2010年頃に200番台にも強化スカートが設置された。写真は草津温泉を目指す7両編成の特急草津。新前橋始発の増結車を連結して、14両編成でも走行していた

1997年10月から、たにがわが新幹線名になったため、在来線特急は水上に改称された

新前橋電車区の車両の特急あかぎヘッドマーク。田町電車区の車両は絵柄が異なる

高崎線系統の185系が651系に置き換えられた後、185系200番台のEXPRESSカラー車両も特急踊り子として利用された。2014年撮影

『ホームライナー鴻巣』のラストラン。2014年3月に『スワローあかぎ』に置き換えられ、車両も651系に。高崎線系統を定期列車で走る185系200番台は消えることになった

相模湾を背景に走るEXPRESSカラーの特急踊り子。2016年8月に東海道本線の根府川〜早川間で撮影

湘南ブロック色に塗装された200番台の車両。写真は特急はまかいじ。鎌倉～八王子～松本間で
運行された。2019年1月にホームドアへの対応を受けて運転が終了

伊東線の伊豆多賀～網代間を走行する200番台湘南ブロ
ック。2000年6月時点で、普通列車として運用されていた

東北本線の栗橋～東鷲宮間を走行する特急おはようとちぎ。
ヘッドマークの絵柄は太陽。車内装はリニューアル改良済み

湘南ブロック塗装された200番
台車両も、後に強化スカートが
設置された。伊豆急行の蓮台
寺（れんだい）～伊豆急下田間で、2012年
5月に走行中のもの

7両編成で東北本線内を走る、湘南ブ
ロックカラーの『特急おはようとちぎ』。車内
設備が改良されたリニューアル車両

2014年頃、651系に置き換えられ余剰となった185系が、波
動輸送等に使用された。写真は内房線を走る観光用列車
『快速花摘み南房総号』

200番台 ストライプ

再び緑のストライプの塗装が施された200番台車両。2016年に上越線の土合〜土樽間で撮影。波動輸送用列車。グリーン車を連結していない6両編成

グリーン車が廃止され、6両編成になった特急はまかいじ。2018年5月に中央本線の青柳〜すずらんの里間で撮影

伊豆急行線の稲梓〜河津間を走る200番台車両ストライプの特急踊り子。写真は2017年2月のもの

2017年1月に撮影された6両編成の特急水上の臨時列車。グリーン車はなし。この編成のみ、パンタグラフがシングルアームのパンタに変更されている

フルフル

スキー列車『シュプール』の営業開始10周年（1994年度）記念に登場した列車が『フルフル』。新前橋電車区の200番台2編成が、特別仕様車に変更された。グリーン車のない6両編成

185系

フルフルは1995年1月〜2003年3月まで、『シュプール上越』2号・3号と、『シュプール草津・万座』に使用された。シュプール号運行終了後も5月までそのままの塗装で通常運行に利用された

塗装の原画は有名イラストレーターのジョン・シェリーを起用。フルフルという列車名は「雪よ、降れ！」の"降る"と、「FULL（いっぱい）」の"フル"から名付けられている

リバイバルカラー

2010年の「特急草津号50周年記念キャンペーン」に合わせて塗装された200番台の車両。
『準急草津』時代に使用されていた80系電車を模して塗られた"80系風"。2011年に上越線で撮影

2012年の157系50周年記念やキャンペーンの際に登場した、157系風カラーの200番台。『臨時特急あまぎ』等に用いられた。185系製造前の塗装の候補がこのカラーだったともいわれる

2012年3月に撮影された特急草津。湘南色の185系（80系風）と、国鉄特急色（157系風）の185系が連結する。上越線の新前橋駅で撮影

185系特急の主な路線図

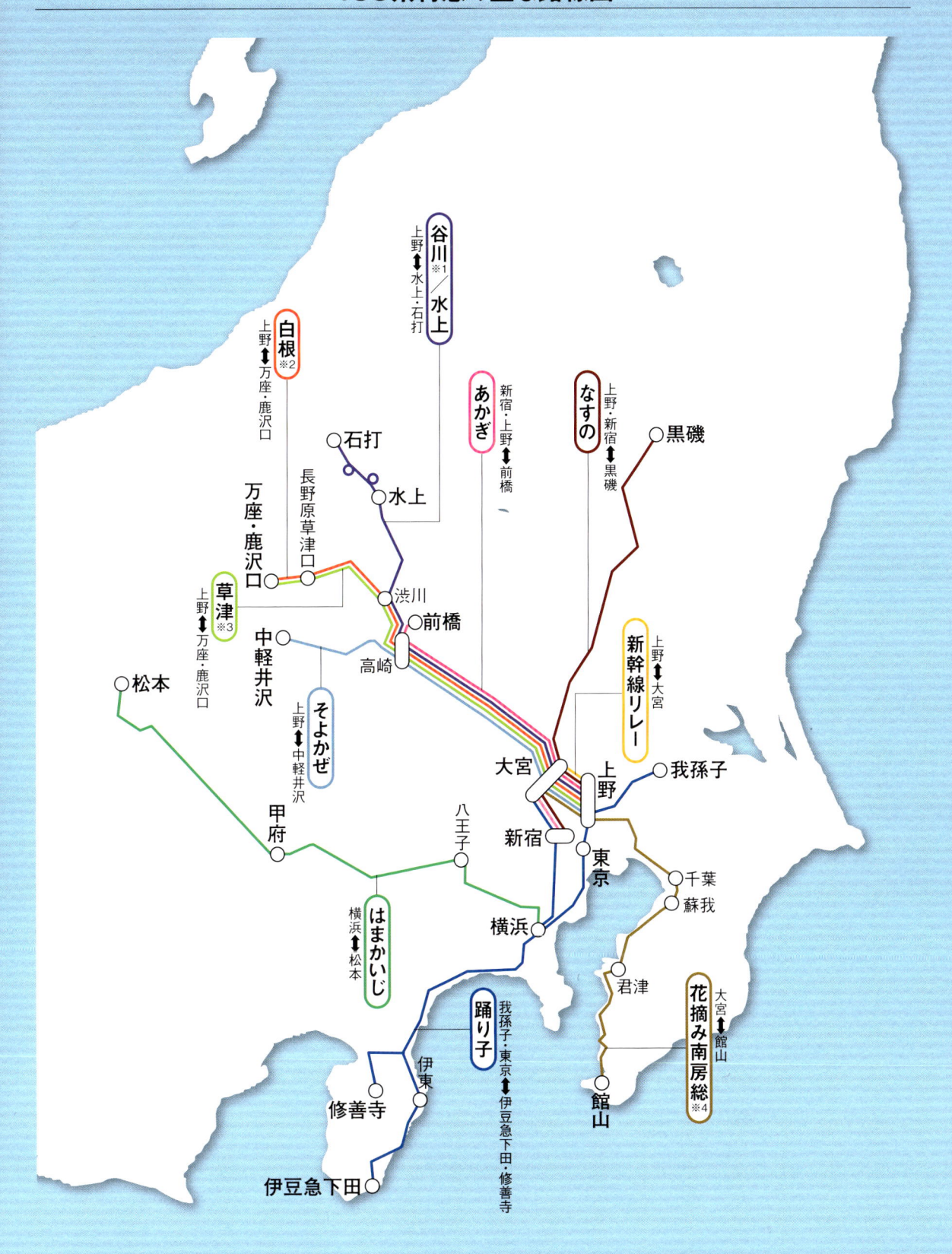

※1　谷川は1997年9月30日まで。翌10月1日より水上
※2　1985年3月まで
※3　1985年3月から
※4　春季に運転された臨時列車

63

381系

1973年から活躍した
自然振り子式の車両

中央西線電化に伴う『特急しなの』の電車化に際して登場した自然振り子方式の車両。キハ181系がこの車両へと置き換えられ、架線も振り子の幅に合わせたものが設置された。

クモハ591の試作車の成果をもとに誕生した車両であり、車体にアルミニウム合金を採用することで低重心・軽量化を実現。運転最高速

度は120km/h。名古屋〜長野間の走行時間を約30分間短縮する大幅なスピードアップを実現した。

　1973年7月の運転開始当初は、1日8往復の特急しなののうち、6往復をこの381系が担当。1978年には紀勢本線『特急くろしお』に、1986年には山陽・伯備・山陰本線『特急やく

も』に導入され、引退までに277両が製造された。クハ381形1番の車両は、2011年より『リニア・鉄道館』（愛知県）に保存されている。

SPEC

製造年●1973年〜1982年	材質●アルミニウム合金
導入●1973年7月10日	最高速度●120km/h
製造数●277両	所属●日本国有鉄道／ JR東海／JR西日本

591系

東北本線の上野～仙台間の高速化をはかる狙いで、1970年3月に登場した381系の試作車。交直流車で、登場時は3両の連接構造。将来的に130km/hで走行予定だった。二車両の一端を一つの台車で支持して連結した「連接車」

信越本線で試運転を行うクモハ591系。1971年時には写真のようなボギー車に改造された。2両編成に短縮されたが、車両は20mに延長されている

車両正面。後の381系に似てはいるが、全体的に丸みを帯びている。「振子車クモハ591」のマークが掲示されている

「曲線高速」の表示がされたもの。どのような場合を想定されて設定されていたのかは不明

先頭車両には運転台が高い位置の車両と、写真の
ような低い位置の車両の2種類が用意され、傾斜
時の走行テストが行われた

空調装置の設置位置の
変更などによって低重心
下。運転台の位置も低
い。自然振子方式で、
振子角は6度に設定さ
れた

「高速 クモハ591」のマークが掲示
されたもの。高速走行試験用の設
定のよう

591系は、東北本線の高速化を目標に作られた。将来的に
130km/hで走行し、上野〜仙台間を約37分間短縮する3時
間21分で結ぶ予定だったが、実現はしなかった

しなの（国鉄）

1973年にデビューした381系の0番台車両。クハ381形で、先頭車両前面は貫通扉式。特急しなの用として、全18両が製造された

381系先頭車。運転台が高い位置にあることから、「電気釜」と呼ばれた

振り子式車両だが、パンタグラフの台座は固定されていた。新規電化区間でのみ振り子式が可動。その際は、パンタグラフが外れないよう、架線位置の調整が行われた

中央本線の大曽根～新守山間を走る、1983年2月の特急しなの。クモハ591と同じく冷房装置などは床下に設置されており、低重心で屋根部分がスッキリしている

クハ381形100番台を先頭とした編成。前面に貫通扉がない
のが特徴。主に特急くろしお、特急やくも用に製造・運用され
たが、特急しなの用としても2両が導入された

1973年6月、中央本線の坂下～田立間を走
る、試運転開始直後の381系。6両編成で木
曽川を渡る

京都～山科間の大カーブを走る9両編成の特急しなの。
1975年から大阪発が設定された。1978年からヘッドマークが
木曽の森林のイラストに変更された

国の名勝に指定される中央西線 倉本～上松間の「寝覚ノ床（木曽川）」付近を走行。屋根が銀
色に塗られている。写真は1973年6月で試運転中のもの

しなの (JR)

1987年の国鉄分割民営化の際、車体側面下部、客用扉横なとにJRマークが塗装された。写真のマークは白色だが、オレンジ色（JR東海のコーポレートカラー）も存在した

1987年にサロ381の先頭車改造によって誕生した、クロ381の10番台の車両。特急しなののパノラマグリーン車などに利用された

クロ381形10番台の車両。車両前面にLED表示を採用したほか、側面の窓が大きく設計されている

名古屋駅を発車する特急しなの。展望のいいパノラマグリーン車を連結したことで、リゾート特急としての人気が上昇。新たに3両のパノラマグリーン車が制作された

サロ381形を改造して先頭車化されたクロ381形車両。編成
を短くするため、床下にモーターのないグリーン車が先頭車
化されている

381系

（左）クロ381に改造される前のサロ381。特急くろ
しおのパノラマグリーン車として用いられた車両。
写真は1987年12月の紀勢本線新宮駅

（右）非貫通型の正面を特殊な形で貫通型にしたこと、特急マークが立
体造形ではなく平板金属製であることが大きな特徴。車体の3分の1
が新たに制作され、既存のサロ381に特殊ボルトで接合されている

篠ノ井線の聖高原～冠着間を走るクロ381先頭車両の特急しなの。増結車両
の連結時などを想定して、前面に貫通用のほろが設置されている

特急しなのの短編成と、パノラマグリーン車を有する編成とを連結した4両＋5両編成。
1988年3月から運用。サロ381に代わって、クロ381の改造車が用いられるなど、珍しい
組み合わせ

1988年から特急しなのの基本編成は6両に。
多客期には3両を増結した9両編成で運用さ
れた。写真は1989年3月

クロ381形を先頭車にした6両＋3両編成の特急
しなの。写真は東海道本線の高槻〜山崎間を走
行中のもの

2019年現在と同じ、6両基本編成の特急しな
の。写真は1994年2月に大糸線の白馬大池〜
信濃森上間を走行中のもの

1992年時の特急しなの。午前8時名古屋発の1編成の
み、基本の6両編成に4両編成を連結した10両編成で走
った。特急しなのの営業運転上、最も長い編成にあたる

4両編成の381系。主に特急しなのの附属編
成で運行されていたが、臨時の『特急伊那路』
などでは、単独で運用されることもあった

『シュプール栂池・八方』は名古屋〜信濃森上間
などを走行したスキー臨時列車。行きは夜行で、
朝スキー場の最寄り駅に着くという設定だった

特急くろしお用の先頭車として、前面非貫通のクハ381の100番台が用意された。1978年10月に、紀勢本線・新宮〜和歌山操車場間の電化が完成し、9両編成で運行を開始

7両編成の特急くろしお。1985年のダイヤ改正時に本数が増加。その際、一部が9両編成から7両編成化された

JRマーク付きの9両編成。国鉄分割民営化後も『スーパーくろしお』化されなかった編成は国鉄色のまま走行。1987年7月のダイヤ改正時に一部の特急くろしおが新大阪発着に

先頭車はクハ381の500番台で自動解結装置を備えている。先頭車両前面に連結器と二段式電気連結器を付属している。京都・新大阪～白浜までは9両編成、その先の新宮までは6両編成で走行

1989年7月に京都・新大阪～新宮間で運行開始。特急くろしおより停車駅を減らして速達化され、新幹線連絡特急として生まれ変わった列車。紀勢本線のスター特急だった

もう片側の先頭車はクロ380のパノラマグリーン車。クロ381形10番台とは形状が異なる。白をベースに、クリームイエローとトリコロールレッドを組み合わせた帯を配色

クロ380パノラマグリーン車の、新宮方面を向いた先頭車両。眺望のため、前面の窓が大きくとられている。愛称名表示機にはLEDを使用

1998～99年にリニューアルが進められた特急くろしお。シートなどが変更され、車体の塗色も白地にオーシャンブルーに変えられた

381系

紀勢本線の和佐～道成寺間を9両編成で走る特急くろしお。前3両は白浜からの増結車両。利用客数が特に多い列車に限って、白浜で車両の増解結が行われた

2012年3月のダイヤ改正時から、列車名の愛称がスーパーくろしおから、くろしおに統一された

381系 100番台

特急くろしおは287系への置き換えが進み、運用されていた
381系100番台が余剰になり、福知山線や山陰本線に転属。
塗装が国鉄色に戻され『特急こうのとり』として使用された

（左）『特急きのさき』。こちらも、転属された381系を使用。投入当初は振り子機構は使用されなかった

（下）特急こうのとりの新大阪からの回送列車。ヘッドマークが黒地に白抜き文字

381系 1000番台

1000番台への改造車。先頭車は100番台、中間車は元0番台。未使用の振り子機構を再作動させた

(右) 2015年の特急きのさき。改造前の車両ナンバーが塗りつぶされ、1000番台のステッカーが貼られている。2016年頃には289系に置き換えられ、約1年半で引退

(下) 381系1000番台車両を使用した『特急はしだて』。架線からの離縁などを防ぐために、振り子の角度は小さく抑えられていた。写真は『特急はしだて』。2015年5月に宮福線 (現在の京都丹後鉄道) 内を走行の姿

1987年9月頃〜1988年3月頃まで運転された臨時列車『ふれ愛紀州路』。京都から奈良線・関西本線・紀勢本線を経由して白浜まで運転。奈良県内を走った数少ないJR特急の一つ

1988年4月〜1989年に運転された『特急しらはま』。ふれ愛紀州路が臨時特急化され、改称された列車。京都〜奈良〜和歌山〜白浜間を走った。京都・新大阪発の特急くろしおの登場によって引退

1984年9月より天王寺〜日根野間で運転されていた『ホームライナーいずみ』は、1986年11月のダイヤ改正時に運転区間が和歌山まで延伸され『はんわライナー』と改称された

1982年7月に伯備線と山陰本線の伯耆大山〜知井宮間が電化され、キハ181系に代わって381系が特急やくもに導入された。9両編成×9本が用意され、先頭車両全車に100番台車が割り当てられた

381系

(左)1986年11月に、9両編成から6両編成に変更。中間車の一部は先頭車前面が貫通型のクモハ381に改造された。繁忙期には3両を増結
(右)高松駅に停車する『マリンやくも』。岡山から高松まで乗り入れていた特急やくもの別称。本四備讃線開業後の数年間だけ運行された

繁忙期に6両編成に3両を増結された。前から4両目にクモハ381を連結。1987年の国鉄分割民営化に伴って、JNRマークからJRマークに変更されている

1994年12月に登場した速達タイプの『特急スーパーやくも』。登場時は6両編成×4本が運用された。特急スーパーやくも用として車内を改造。車体塗装のベースはラベンダー色で、棟色、アイボリーホワイト、かきつばた色の帯

スーパー**やくも**

（左）伯備線を走行。4本の特急スーパーやくものうち、2本の先頭車両にはパノラマグリーン車を連結。眺望のために中間車を改造した特急スーパーくろしおと同様の車両が使用された

（下）パノラマグリーン車を連結していない編成もあった。写真は先頭車がクモハ381。1998年4月に伯備線の新見〜石蟹間を走行中の車両

やくも

特急スーパーやくもとほぼ同時期に走っていた特急やくも。車両は以前のものとほぼ同じだが、車体の帯色が緑と黄色になった。写真は、381系としてはもっとも短い3両編成。グリーン車は連結されていない

381系

(右)山陽本線を走る4両編成。先頭車両はクモハ381。中間車として、グリーン車を連結している

(下)伯備線の広石信号所〜方谷間にかかる、第五高梁川橋梁をわたる4両編成。先頭車両はクハ381で、パノラマグリーン車がない

2007年登場の『ゆったりやくも』は、スーパーやくものリニューアル車両。ホワイトグレーを基調に、濃赤と緑の帯が塗られている。現在も381系で走る列車

2016年にクモハ381の連結器部分に自動開結装置が設置され、スカート部分の塗装が赤に。クモハ500番台車に改番された

キャンペーンのラッピングが施された9両編成。2018年9月のもの。現在の特急やくもにおいても最も長い編成。後ろ3両は増結車。他に7両、6両、4両編成がある

多客期や混雑する列車は6両でも走った。最後尾に普通車からグリーン車に改造されたクロ381が連結されている

381系特急の主な路線図

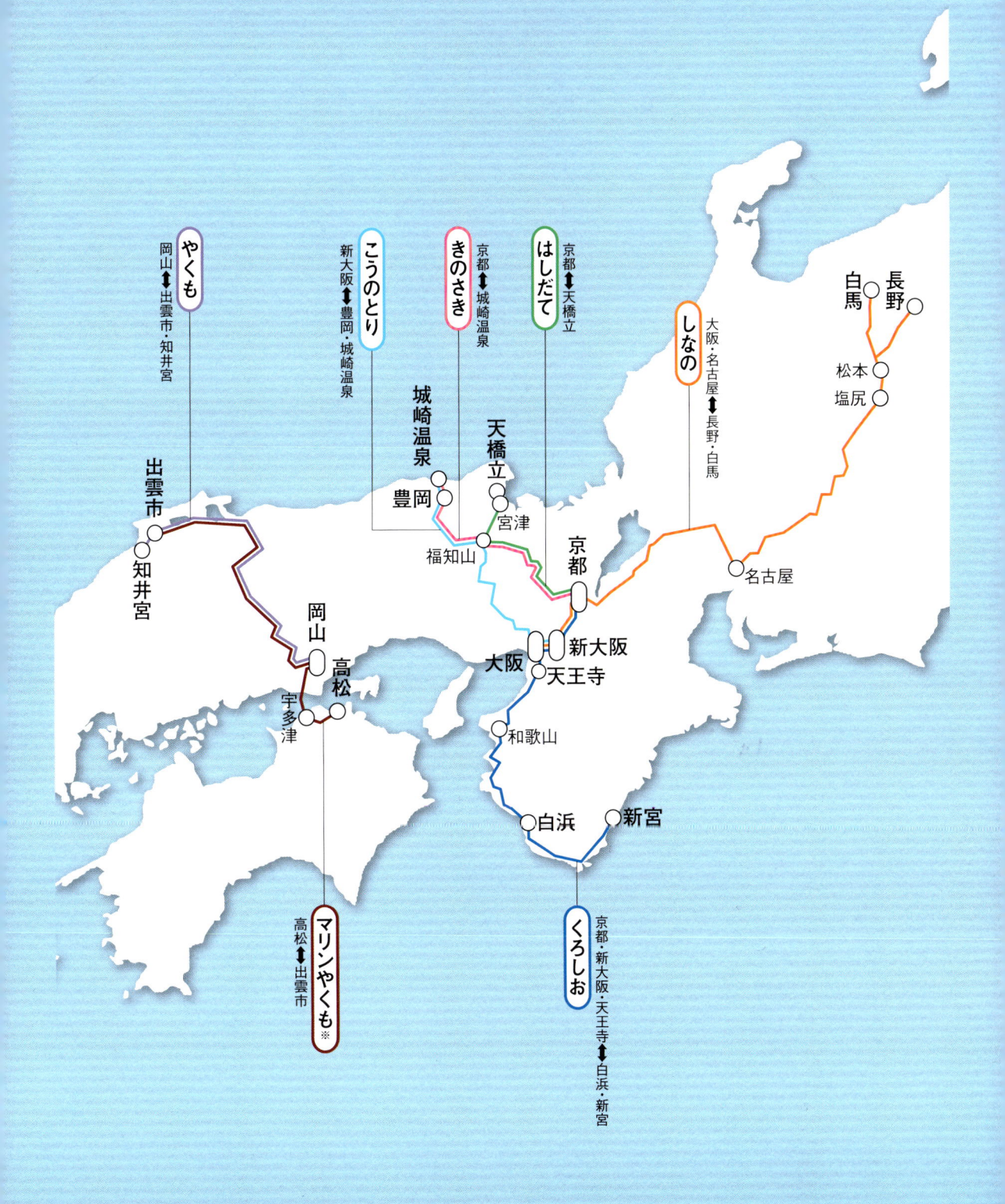

やくも 岡山⇔出雲市・知井宮

こうのとり 新大阪⇔豊岡・城崎温泉

きのさき 京都⇔城崎温泉

はしだて 京都⇔天橋立

しなの 大阪・名古屋⇔長野・白馬

白馬 長野 松本 塩尻

出雲市 知井宮

城崎温泉 豊岡 天橋立 宮津 福知山 京都 名古屋

岡山 高松 宇多津 新大阪 大阪 天王寺 和歌山

白浜 新宮

マリンやくも 高松⇔出雲市 ※

くろしお 京都・新大阪・天王寺⇔白浜・新宮

※ 1988〜89年に運転された臨時列車

485系

全国的に活躍した国鉄特急の代表格

国鉄初の交直流用特急電車として登場した485系。主電動機はMT54（120kVA）で、勾配抑制発電ブレーキを装備。

台車はDT32、TR69。電動車（モ）は60Hz対応の481系、50Hz対応の483系、両周波数に対応可能な485系と3パターンが製造されている。付随車等の形式は481系で統一されている。

同様のボンネットスタイルの151系とよく似ているが、設置機器の影響で151系と比較すると床板が125mm高くなっている。そのため、ホームの位置が低い駅に降りるためのステップが設けられた。また、交流区間の走行に必要な静電アンテナを後部の屋根に装備している。1964〜1979年までの間に1453両が製造され、神奈川、山梨、静岡、三重、鳥取、島根、四国、沖縄を除く各県で、定期特急列車として活躍した。

SPEC
製造年●1964年〜1979年
導入●1964年12月25日
引退●ジョイフルトレインのみ運行
製造数●1453両
材質●普通鋼
最高速度●120km/h
　　　　　（青函トンネルのみ140km/h）
所属●日本国有鉄道／JR東日本／
　　　JR西日本／JR九州

1965年から『特急つばめ』『特急はと』に使用。運転区間の大部分が重なる151系、181系車両と区別するため、ボンネットにひげのような斜線が塗られた。写真は1973年

（上）1964年12月に登場した『特急雷鳥』。ボンネットにヒゲがなく、スカートには車体と同じ赤2号が塗られている。11両編成で、1日1往復運行された

（右）1965年に主に東日本を走る特急用として、50Hzの483系が登場。先行の60Hzの車両は区別するため、スカート上部にクリーム4号色の細帯が塗られている

151系と似ているが、ボンネット部分の側面の帯デザインなどが異なる。ボンネット内は機械室。両側に3個ずつの冷却風取り入れ口が設置されている

東海道本線の尼崎〜塚本間を走行する481系の『特急しおじ』。新大阪〜広島・下関間で運行されたが、交直流車も使用されている

1972年10月山陽本線を走行する特急つばめ。屋根上には冷房装置AU12を設置。また、運転台の後部に交流区間に必要な運転台の後部に静電アンテナが設置されている

151系をサヤ420と電気機関車による牽引で、下関〜博多間で運行していた特急つばめ。1965年からは名古屋〜熊本間を481系で走行。写真は1972年の山陽本線

1969年頃から、向日町運転所所属の一部の車両のヘッドマークが電動のロールマーク式に改造された。カバーガラスはゴムの縁で固定。向かって右側に手動時回転用の操作軸を設置

斜め上から見たヘッドマークがロールマーク式（電動式）の車両。ヘッドマークの表面がやや奥まっていることが見てとれる。電動幕車とも呼ばれる

1975年の山陽新幹線の博多開業後、481系は鹿児島運転所に集中配置され『特急有明』『特急にちりん』に使用された。181系と共通区間を走行しなくなり、ヒゲが消された

（上）常磐線の牛久〜佐貫間を走行する『特急ひたち』。1985年3月のダイヤ改正時に、九州で運用されていたクハ481初期車全車が特急ひたちに投入されている
（下）1985年の常磐線。電動車以外の485系車両は、周波数を問わず走行が可能。分割民営化後も常磐線に使用された

（右）1980年4月に鹿児島本線を走る特急有明。ヘッドマークがロールマーク式に改造され、元に戻された車両。向かって右側に手動時の回転用の操作軸が残っている

1965年に東北本線の盛岡までの電化に際して、48両が製造された交流50Hz対応の483系。写真のクハ481に19〜29番の車両番号が割り振られている

上野〜山形を結ぶ『特急やまばと』。タイフォンカバーがシャッター式に変更。運転台屋根上の前照灯カバー内に設置されていた予備ホイッスルが外されており、内側が見える

上野〜盛岡間を結ぶ『特急やまびこ』。クハ481の1〜18番車両はスカートが赤にクリーム色の帯だが、19〜29番はクリーム色

1982年の東北新幹線の開業後、一部の485系車両は特急雷鳥などに使用された。写真は1989年に湖西線を走る特急雷鳥

タイフォンがスカートからボンネット側に移設されたタイプの車両。写真は1980年12月の磐越西線・翁島〜猪苗代間を走る『特急あいづ』

東北新幹線の開業前後に、485系は各地に分散。九州に転じた車両もあった。写真は東北新幹線開業2年後、鹿児島本線の東郷〜東福間間を走る特急にちりん

東北新幹線開業後、他線区に転属していない車両は主に特急ひたちとして運用。写真は冷却風取入れ口が片側2つという特徴を持つクハ481-26番車両

特急ひばりは上野〜仙台を結ぶ列車として、一時期は1日15往復運行されていた。『エル特急（在来線特急の愛称）』の代表格。写真は1982年の東北本線

特急かもめ。50Hz対応車両としてデビュー後に、九州に転属された車両のため、スカートがクリーム色。1987年5月の鹿児島本線・二日市〜原田間

長崎本線の肥後山口に停車するクハ481の『特急かもめ』。ボンネット上の赤ヒゲが塗りつぶされている。仙台運転所から南福岡電車区への転属車両。写真は1983年

1989年に佐世保線を走る『特急みどり』。モーターを積んでいない先頭車両は、50Hz／60Hz区間の両方で走行。全国で様々な特急列車の先頭車として活躍した

運用効率などを考慮して開発された車両が、50Hz／60Hz区間の両方を走行できる485系。1968年に、クハ481-30〜40番台車両が誕生

485系

（左）登場時からタイフォンカバーが設置された30〜40番台車両。スカートは483系と同じクリーム4号。写真は1986年の尾久客車区

（右）留置線に並ぶクハ481。ボンネット脇の冷却風取り入れ口のスリットが、横型から縦型に変更されている

奥羽本線の大沢〜関根間を走る特急やまばと。30〜40番台の車両は、車側灯が客用扉の横から、車体側面の中央付近に変更されている

1975年の山陽新幹線の博多開業時に、九州に転属になった
編成。ボンネットの赤ひげが消されている。写真は1978年5
月に鹿児島本線を走行する特急にちりん

1972年、羽越本線の電
化により、『特急白鳥』
は電車化。米原〜梶屋
敷間は60Hz、村上〜青
森間は50Hz。両周波数
を走れる485系の利点
が十分に発揮された

クハ481形の38番車両。向日町運転所に所属していた一部の車両と同様に、
ヘッドマークがロールマーク式（電動式）に変更されている

九州に転属した485系。ボンネットのヒゲが消され、タイフォンカバーも変更されている。写真は1988年の特急みどり。佐世保線の永尾〜三間坂間

縦スリットタイプのタイフォンカバーに改造された車両。写真は1987年4月に鹿児島本線の二日市〜原田間を走行する特急かもめ

タイフォンの上にシャッター式のカバーの痕跡が残っている車両。写真は1991年の特急ひたち。この時期の特急ひたちには様々な車両が使用されていた

1975年の山陽新幹線の博多開業後、1〜18番と31〜40番の先頭車の多くが、鹿児島に配置されている。写真は1986年5月の鹿児島本線

タイフォンカバーが変更されている車両。写真は1974年12月に、山陽本線の長門一宮駅（現在の新下関）を通過する『特急日向』

クハ481 101〜126

15両への増結のため、583系で使用されていた電動発電機（MG）を床下に設置してパワーアップ。ボンネットに空気圧縮機（CP）だけを搭載した車両が、1971年に登場した100番台

クハ481-100番台車両。ボンネット側の客室床下にMG装置を設置。そのため、冷却風取り入れ口の形状が変更されている。写真は1987年、北陸本線を走る『特急加越』

102番車両以降は、製造時からタイフォンがボンネットの下部に設置された。また、ヘッドライトをシールドビームに変更。ライトの大きさが変わっている

100番台の車両の多くが向日町運転所に配置され、北陸特急として使用された。写真は1983年5月に信越本線を走る特急雷鳥

1986年から運行された『ゆぅトピア和倉』と、大阪〜金沢間で併結運転を行うために必要なジャンパ連結器等の設置のため、スカートが大きくかけている車両

向日町運転所に所属した100番台車両は、ヘッドマークの盗難防止のため、絵柄を内側からはめ込み、アクリル板でカバーするタイプに改造されている。写真は2000年

クロ481 0/50

1968年に特急やまばとが電車化。板谷峠の急勾配を越えるため、編成内に電動車の比率を増やしてパワーアップする必要が生じ、クロ481形が登場した

サロ481形から、クロ481形に改造された車両。7両が製造された。仕様などは新造車のクロ481形0番台と同じ

クロ481形を先頭に走る特急あいづ。クハ481形と同様、タイフォンカバーがボンネット下部に設置された車両も存在する。写真は1981年の磐越西線

1976年7月から小倉・博多〜佐世保間で運転を開始した特急みどり。4両編成で、グリーン車を連結するためにクロ481形が使用された

鹿児島本線を走る1987年の特急みどり。小倉・博多〜肥前山口間は特急かもめと併結して運行。クロ481形はグリーン車であり、側窓がやや小さいことが特徴

ボンネットに設置されたタイフォンカバーがスリット状に変更された車両もある

クハ481 1〜4/5

1983年に登場したクハ481-600番台。1982年のダイヤ改正で余剰となったクロ481形を普通車とした改造車。3両が存在し、九州各地を走行した。写真は1985年の特急にちりん

1986年の10月に登場したクロ481形0番台（新造車）は、サロ481形にボンネット部を取り付けた車両と同じ設計。見た目は、先頭車化改造された車両とほとんど変わらない

早岐方先頭車がグリーン車だった特急みどり。1988年3月頃からは、博多方先頭車が半室グリーン車という編成に。従来のグリーン車の位置には普通車が連結された

（右）クロ481-100番台車両が先頭の特急にちりん。ボンネット型のクロ481形は、九州転属の際に車両の向きの方向転換が行われている

（下）クロ481形100番台車両を先頭に、上野へ向かう『特急ひばり』。1971年に製造。クハ481形100番台と同じく、MGが変更され、床下に配置された

クハ**481 500**番台

485系

クハ481形500番台は、上越線の『特急とき』として使用されていた181系先頭車両の改造車。181系時代の、ボンネット前面の赤帯が残っている

181系のクハ180形5番車両を改造した、クハ481形502番車両。181系と485系の車高には、125mmの差があるため、編成が凹凸になっている

車両前面の赤帯が消されたクハ481形502番車両。碓氷峠をEF63と連結して運行されていたため、連結器がむき出して備わっている。写真は1985年の日豊本線を走行する特急にちりん

クハ181形109番車両を改造した、クハ481形501番車両。1986年に起きた交直流スイッチをめぐるトラブルを受けて、運転席に交直切り替えスイッチが設置されている

1990年頃からJR九州のコーポレートカラーである赤色に塗装を変更。通称『RED EXPRESS』。外装のデザインは工業デザイナーの水戸岡鋭治氏。写真は特急にちりん

485系ボンネット型特急色

1989年から9両→7両編成に組み換えられた特急ひたち。1992年頃から、灰白色を地色に、はとねずみ色と鶯色の帯が入った「ひたち色」に

（上）RED EXPRESS用として、黒地に白抜き文字の専用ヘッドマークがデザインされた。写真の特急にちりんは、1992年に日豊本線の杵築〜中山香間を走行中のもの

1993年から一部の特急ひたちが7＋7の14両編成に。KE70ジャンパ連結器が新たに設置され、自動連結器が密着連結器に交換された

1988年から上沼垂運転所の485系にグレードアップ工事を
実施。同時に、白色に青と水色の帯に塗色変更された。写真
は北陸本線を走るクハ481形102番車両の特急白鳥

485系

指定席とグリーン車がセミハイデッカー化され、座席交換
などのグレードアップ工事が行われている。写真のクハ
481-30番は、側面裾部のグリルが縦スリットの車両

1991年当時は新潟〜大阪間も走行していた特
急雷鳥。483系として製造されたグループの先
頭車が連結されている

大阪〜青森間を結んだ
昼行特急白鳥。写真は
羽越本線。1997年3月
のダイヤ改正時に、京都
総合車両所への受け持
ちになるまで、この車両
で運転された

クハ481 200番台

クハ481形200番台車両。1972年の羽越本線電化に向けて製造された、併結・分割が可能な貫通型の先頭車両。先頭車定員は8名増えた。写真は『特急いなほ』

車両デザインは大きく変更。電動発電機や空気圧縮機は床下に搭載された。屋根上の冷房装置はAU13E、AU71Aを採用。写真はAU13E。写真は1983年の北陸本線

（左）クハ481形200番台が先頭の特急日向。2両目は基本番台。比較すると、屋根上の変化がよくわかる

（上左）前照灯や静電アンテナ以外は、同時期に登場した183系0番台に類似する。電動台車はDT32E、付随台車はTR69Eに変更。連結器は密着連結器に変更

（上右）200番台車両は青森に集中配置されたが、冬季は貫通扉からの隙間風などの問題が生じた。そのため、非貫通の300番台や1000番台が導入され、200番台は九州へ移された

九州で活躍した485系の多くは200番台。
写真はクハ481形200番台が先頭の特急
にちりん。1983年の日豊本線

（左）後部の特急かもめと
併結する特急みどり。先
頭はクハ481形200番台
を改造したクロハ481形

（右）クハ481形200番台
同士で連結する特急か
もめと特急みどり。貫通
扉を有しているが、使用
はされていない

（左）特急かもめと特急
みどりの併結運行のた
め、ジャンパ連結器が装
備されたクハ481形200
番台の車両

（右）前面貫通扉からの
隙間風対策等のため、
1988年から前面貫通扉
を撤去。非貫通化する
改造が行われた。飾り
帯は残されている

（左）前面貫通扉が溶接
済みの特急雷鳥。写真
は1989年7月、北陸本
線の新疋田

（右）前面貫通扉が撤去
され、痕跡すらも消えて
いる車両。愛称表示器
の大きさに名残が見え
る。写真は1987年、鹿
児島本線

クロハ481形200番台。写真は1987年に鹿児島本線二日市〜原田間を走る特急有明。3両に短編成化されており、後部の先頭車はクモハ485形で、両端が改造車

1988年3月に特急みどりの半室グリーン車化が実施。グリーン車の連結位置も変更された。写真の車両はクハ481-200からの改造車

クロハ481形を先頭に走る特急みどり。改造車を問わず前面貫通扉撤去が順次実施された。写真は1988年の鹿児島本線

クロハ481形が先頭車の特急にちりん。半室グリーン車内には、改造当初は1＋2列の3列シートが3列配置されていた

クロ481形2201番は、クハ481形224番をグリーン車化したもの。写真は特急加越。2000年11月の北陸本線敦賀〜新疋田間

（左）203番、204番、207番、208番の4車両は、試作車として、扉や幌も自動の自動解結装置が設置されたが、以降の車両への実装はされていない

（右）秋田から転属してきた、自動解結装置の試作を施された車両（後に撤去）。写真は1976年の長崎本線電化によって電車化された特急かもめで、記念に装飾されたもの

クハ481 300番台

485系

1974年に登場した300番台車両。隙間風対策や乗務員室の拡張が実施され、非貫通型で、高運転台車。運転室の下に空気変圧器を搭載し、運転室窓下側面に点検口を設置

（左）車両前面が非貫通に。運転室窓はワイパーが片側2本となった。また、愛称表示器は電動式となっている

（右）特急雷鳥とキロ65のゆぅトピア和倉の連結の様子。大阪〜金沢間で併結を行っていた。電車と気動車の併結のため、協調運転は行っていない

（左）300番台車両。写真は金沢〜米原を結ぶ特急加越で、2001年4月の北陸本線新疋田駅

（右）山陽本線の特急はと。1975年の山陽新幹線博多開業で引退。わずかな期間だけ300番台車両で運行された

（左）クハ481形300番台車両を、半室グリーン車化したクロハ481。写真は1988年に鹿児島本線を走る特急みどり

（右）14両編成併結対応の300番台車両の特急ひたち。KE70ジャンパ連結器が装備され、後に「ひたち色」に塗装を変更される編成

（左）300番台車両をベースに、北海道専用特急として耐寒・耐雪仕様に改造された車両が1500番台。1974年に登場。降雪時の視野確保のため、運転席屋根上のライトを2灯設置

（右）台車はDT32GとTR69G。自動連結器を装備。登場時の標識灯は内バメ式。北海道用の新型特急化計画が頓挫し、急遽485系が投入されたといういきさつがある

（左）1975年から『特急いしかり』で運転を開始。標識灯は雪害対策のため外バメ式に変更されている。製造直後は特急白鳥にも使用された

（右）1979年2月の雪中を走行。酷寒地対策済みの車両だが、投入後は粉雪と厳しい寒さによる故障が続出。相当な数の計画運休が実施された

（左）1500番台の特急いしかりは6両のオールモノクラス編成。グリーン車は製造されていない。写真は1979年の函館本線

（右）雪への弱さが露呈したため、1500番台は5年ほどで北海道から青森へと移転。代わって1979年から781系が投入された

（左）本州に帰還後は、東北本線や日本海縦貫線の特急に充当されて本領を発揮した。連結器が密着連結器に変更されている

（右）羽越本線を走る特急いなほ。一部の1500番台はE653系1000番台に置き換えられるまで活躍した

485系

（左）300番台をベースに、183系1000番台と同様の耐寒・耐雪構造が施された1000番台。豪雪地帯かつ勾配線区である奥羽本線を走る『特急つばさ』用として集中配置された

（右）1000番台車両は1976年にデビュー。300番台に似ているが、ジャンパ連結器が片側のみの片渡構造。台車はDT32EとTR69H

（左）1982年に登場した盛岡～秋田～青森間を結ぶ『特急たざわ』。1986年頃から半室グリーン車を含む編成で運行されている

奥羽本線の及位〔のぞき〕～院内間を走行する、1985年1月の特急つばさ。耐寒・耐雪構造で豪雪の中を走行

（左）1988年の青函トンネル開通時にトンネルを通過するためのATC-Lを搭載。1991年からはトンネル内を140km/hで走行

（右）函館に停車する、津軽海峡線の試運転列車。青函トンネルの開通で485系は再び北海道を走行することに

（左）先頭車はクロハ481形1000番台。2両目はクハ481の改造車。3両目はモハ485を改造したクモハ485の1000番台

（右）『特急はつかり』用クロハ481形1000番台は、他の偶数向きのクロハ481とは異なる奇数向き（連結器の位置や進行方向で異なる）

1985年頃に登場したクモハ485形は、モハ485形の先頭車改造車で、クハ481形1000番台と同じ仕様の前頭部を接合した。運転台後部が機械室

（左）1986年に登場のクモハ485形100番車両もモハ485形の改造車。客用扉が移設されており、短編成のためMG、CPを搭載していない

（右）1987年から、当時非電化の豊肥本線への乗り入れのため、特急有明は熊本～水前寺間でDE10に牽引されて運行した

サロ489形1000番台車両を先頭車改造したクロ480形1000番台の特急加越。『特急北越』の編成短縮時に、先頭車不足解消のために改造された。写真は2001年

（左）余剰となったサロ481形をクハ481-1100番台に改造。老朽化車両を代替した。元グリーン車のため、窓の大きさや数に特徴がある

（右）1986年の『特急たざわ』短縮編成化のため、モハ485形を改造したクモハ485形1000番台車両。運転台下部に非電化用電源装置を搭載

クハ**480**/クロ**480**/クロハ**480**

1984〜1985年に11両改造されたクハ480形0番台。サハ481形、サハ489形の改造車。前頭部はクハ481形1000番台がベースで、片開き式の貫通扉を備えている

（左）クハ480形。改造前の車両ごとに、屋根上の冷房装置の形状が異なる

（右）クロ480形0番台。サロ481形の先頭車改造車で、タイフォンカバーがスリット式になっており、屋根上に冷房装置のAU12を搭載

クロ480形0番台だが、種車が200番台以降の製造グループのもので、冷房装置にAU13Eを搭載している

半室がグリーン車のクロハ480形50番台車両。特急みどりに組み込むために製造された、クロ480形0番台の改造車

北近畿

1986年に、福知山線と、山陰本線の一部電化により、新大阪〜城崎間で運転が開始された『特急北近畿』。元特急くろしおの車両が投入された

（左）車両はサハ489にクハ481-1000番台仕様の前頭部を接合し、先頭車化したクハ481-750番台。屋根上の冷房装置はAU12

（右）クハ481形200番台と300番台を半室グリーン車に改造して連結。前から4番目の車両。窓幅を狭めて、グリーン車マークを貼り付けている

（左）特急北近畿用の485系車両は、1991年の七尾線電化の際に交流機器が他の列車に流用されるために取り外され、183系800番台と改められた

（右）直流化改造（183系化）後の車両。内装・外装も一新され、窓下に赤2号の細帯が追加された。直流化改造していない車両との併結も可能

183系800番台と北近畿タンゴ鉄道のKTR8000『タンゴディスカバリー』との併結運転。関東甲信越エリアを走る183系とは全く別の車両

1997年以降は、6両編成の非グレードアップ車にも上沼垂色が採用され、特急いなほ、特急北越、『特急みのり』などで使用された

485系

1988年から上沼垂運転所で、車体の塗色が変更され（通称「上沼垂色」）、指定席とグリーン車のセミハイデッカー化、座席のグレードアップ、側面窓の拡張工事などが行われた

上沼垂色の特急北越。当時、大阪〜青森間の特急白鳥、金沢〜新潟間の特急北越が1日1往復、大阪〜新潟間で特急雷鳥が1日2往復運行された

1997年に運行開始。北陸新幹線長野開業時は長野〜新潟間で運行されていた特急みのり。2002年に『快速くびき野』に格下げ後も同じ車両が使用された

クロハ481形1000番台車両を先頭とした特急みのり。半室グリーン車のクロハ481形を含む6両編成。一部の編成で車内装の簡易リニューアルを実施

かもしか/ひたち

1997年に登場した『特急こまくさ』『特急かもしか』用の塗装。白地にピンクとブルーの帯の塗色。写真は秋田～青森間を結ぶ3両編成の特急かもしか

1989年に9両編成からグリーン車を外して7両編成になった特急ひたち。それまでのグリーン車車両は先頭車化改造されクハ481形1100番台車両に

1992年から灰白色をベースに窓周りに鳩羽鼠色の帯、その下と前頭部が鶯色で塗られた「ひたち色」が登場。前面の塗分けが微妙に異なる。写真は1996年

（上）山形新幹線の山形開業時に登場した特急こまくさ。先頭車はクロハ481形。車両は特急かもしかと共通運用。中間車を足した5両でも運行

（右）ひたち色の300番台車両。1993年12月から、一部を7両編成×2本の14両編成で運転するため、先頭車に併結用のジャンパ連結器KE70が設置された

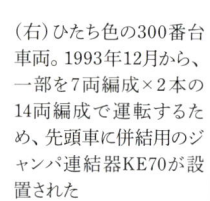

1993～2002年まで、郡山～会津若松・喜多方間で運行された『ビバあいづ』。新幹線連絡特急として活躍。指定席を中心にアコモデーション改造を施行

ビバあいづ/あいづ

485系

車両は主に1000番台。地色はシルバーメタリック。窓周りを中心に、ガンメタリックと赤色の帯が描かれている。車両前面の山形は磐梯山がイメージされた形

2005年の「福島ディスティネーションキャンペーン」の際に登場した特急あいづ。車両前面の運転台下が半月状に。前照灯や標識灯の位置が変更されるなどの改造されている

2006年から運行された『あかべぇ』車両。特急あいづや『快速あいづライナー』に使用。会津漆器の赤に磐梯山をイメージした黒色の塗色。会津大学の学生によるデザイン

ゆう/シルフィード/NO.DO.KA

1991年に登場した『リゾートエクスプレス ゆう』。サロ183形、サロ189形、サロ481形などの改造車だが、交直流車に改造したため形式番号が485系とされている

（左）車両前面は特徴的な曲面のガラス窓の展望室。登場時は客席だったが1998年からお座敷列車に改造された。4号車は定員外のフリースペースとされている

（右）1990年に登場したサロ189形の改造車『シルフィード』。非電化区間では写真のDE10に牽引されて走行するため、密着自動連結器を備えていた

シルフィードは1990年にクロ484、モロ484、クモロ485の3両編成で登場。主に団体専用列車として運用された。前頭部は展望車構造

2001年にシルフィードがカーペット敷きに改造され『NO.DO.KA』に。白地に3色のカラーをブロック状に配置した外装。同時に普通車化された。写真は2014年

1000/1500番台車両を改造し、2006年に登場した『彩』。車両前面の表示機に40形ワイド液晶テレビを設置。見た目は種車の485系車両の形が残るが、内装は大幅に変更

（上）中央本線に乗り入れるため、運転室屋根上の前照灯は撤去され、パンタグラフも狭小トンネル対応に。引退前に直流固定化され、5000番台に改造された

（左）サロ481からサロ110に改造され、湘南色塗装とされた車両。1982年や1984年のダイヤ改正で余剰となった481系が同様に改造された。写真は1985年

（左）JR東日本初の485系お座敷列車として1994年に登場した『宴』。全車がお座敷タイプのグリーン車6両編成。車両断面が制限ギリギリまで大きく作られている

（右）485系から和式列車に改造された列車の先駆け。前面は大型曲面ガラスを使用。側面は固定窓。狭小トンネル通過対策、横軽対策などが施工されている。2019年に廃車に

（左）485系を種車としたジョイフルトレイン『華』。1997年に12系のお座敷客車『なごやか』に代わる車両として登場。和風のお座敷電車で、全席掘りごたつ式

（右）展望車の視界を確保するため、前面の窓に大型の一枚ガラスを採用。以降のジョイフルトレインにも同様の手法が採用されている。横軽対策は同区間の廃止により未施工

（左）1997〜2016年まで運用された『ニューなのはな』。正面は華と似ているが、前照灯が四角い。総武本線の幕張電車区に配置され、臨時列車としても活躍

（右）車体は房総半島をイメージしたエメラルドグリーンとブルー。前面の窓周りは菜の花をイメージした黄色。車内はお座敷とクロスシートが転換可能な構造となっている

特急ひたちなどで使用されていた485系を改造したお座敷列車『やまなみ』。1999年に登場。『せせらぎ』などとの併結が可能。車内は掘りごたつ式のお座敷列車

2001年に登場した、せせらぎ。4両編成で、お座敷客車やすらぎの後継車両。車内は掘りごたつ式。紅葉の山々と残雪をイメージした、ワインレッドと白色の塗色

(左)やまなみの中間車2両とせせらぎの座席車を改造した『リゾートやまどり』で700番台車両。写真は2011年5月のもの

(右)クハ484、モハ484、クハ485、モハ485の4車種で構成された6両編成。主に高崎〜中之条〜長野原草津口を結ぶ『快速リゾートやまどり』で運用

2012年に登場の『ジパング』。余剰となったやまなみの先頭車両と、3000番台の中間車を改造した列車。『快速ジパング平泉』などとしても運行

外装に日本画をイメージした墨色、ねずみ色、金色を採用し、「落ち着き」「重厚感の中にあるさりげない煌びやかさ」などを表現。窓向きのペアシートなどを備える

2001年に登場の『きらきらうえつ』は700番台車両。4両編成で、座席車はハイデッカー構造。外装は羽越本線沿線の四季をイメージしたカラフルなモザイク模様

新潟〜酒田・秋田間で、全席指定の『快速きらきらうえつ』として運行され、2019年9月25日に引退。写真は2002年6月の白新線・黒山〜佐々木間

485系 3000番台

1996年から車齢20年前後の1000番台車両が大幅な改造・改装を実施。車両番号が3000番台に改められた。施工は特急はつかり用から随時実施された

（左）側面窓は大型化され、運転室の窓周りも一新。色も、前面は黄色、車体側面上部が白、下部がブルーバイオレットと濃紺の帯に変更され、運転室窓下に485のロゴが表記された

（右）前照灯は車体下部に設置され、高輝度のHIDに。愛称表示機はLEDに変更。正面の黄色い部分には繊維強化プラスチック（FRP）を採用。485のロゴの上は標識灯

2002年12月からは八戸〜青森・函館間を走る特急白鳥や、八戸〜青森・弘前間を走る『特急つがる』で、主に6両編成で運用された。多客期などには8両編成に。写真は2003年の江差線

上沼垂に所属する車両も3000番台に改造された。1996年末から特急いなほ用、1997年から越後湯沢〜金沢間を走る特急はくたか用として運行開始

（左）前面の繊維強化プラスチックがプレイングリーンに、車両下部がマリンブルーに。はくたか、北越、雷鳥に使用された9両編成。全室タイプのグリーン車を連結

（右）新潟〜金沢間で運用された6両編成の3000番台。特急はくたか用には、設置されている車体側面の運転台の窓下の、翼の形のレリーフが設置されていない

2006年に信越本線を走る特急北越の写真。主に特急北越、特急いなほ、快速くびき野に運用。金沢・秋田方の先頭車は半室グリーン車のクロハ481。側面表示機もLED化

（上）特急あいづ用車両を再改造。『特急日光』『特急きぬがわ』として2006年から運用が開始された。東武鉄道との直通運転のための専用の機器を搭載する

（右）東武鉄道との直通運用の車両が253系に置き換えられた後は磐越西線に戻された。ライトが増設され、車両側面にあかべぇ、起き上がり小法師などのステッカーが貼られた

茨城県の勝田電車区（勝田車両センター）に所属し、主に波動輸送に使用された485系。運転台窓下にはイルカをモチーフにしたロゴマークが入っている

西日本特急色

485系

1988年に北陸〜首都圏の間の所要時間短縮のため、金沢〜長岡間に『特急かがやき』、金沢〜米原間に『特急きらめき』が登場。カラーリングや内装が一新。写真は1988年信越本線の来迎寺〜前川間

（左）地色はオイスターホワイト。帯はライトコバルトブルーとパーシモンオレンジ。側面の金色の部分はSUPERの「S」字をイメージした模様

（右）1985年に特急雷鳥に組み込むためにサシ481形から改造されたお座敷車『だんらん』（サロ481形500番台）。カウンター式のビュッフェがある

1996年に北陸本線に681系などが導入された影響で、42両の485系が福知山に転属。直流化され、クロ183形などに改められた。内装は681系に準じて改装されている

485系の改造車である183系の700番台、800番台車両の『特急たんば』。JR西日本オリジナルカラーである、ベージュ、茶褐色、青の3色

（左）特急かがやき、特急きらめき用の485系車両のリニューアル改造を行い、1997年に運転を開始した特急はくたか。写真は1997年の北越急行ほくほく線

（右）『特急はしだて』。北近畿ビックXネットワークを構成する列車の一つ。直流化し485系が、段階的に投入された

スーパー雷鳥

1989年に主に大阪〜富山間を結ぶ列車として登場した『スーパー雷鳥』。写真の先頭車両はサハ481形を改造したクロ481形2100番台車両。湖西線内を130km/hで走行

サロ489形1000番台車両を先頭車化改造した、クロ481形2000番台が先頭のスーパー雷鳥。2両目はサロ481形2000番台。元だんらんを改造した車両

（左）クハ481形300番台が先頭。運行当初は7両編成で、大阪方に300番台車両を連結していた。ヘッドマークはスーパー雷鳥用に新たに設定されたもの

（右）クロ481形2000番台車両は、車両前面がパノラマ型。塗装は白を基調に、ブルーとウエンズピンクの帯が塗られている。写真は1989年7月北陸本線の新正田

1991年9月に七尾線が電化。7+3両の編成が登場し、併結・分割運転が開始された。その際に大阪方の先頭車がクハ481形200番台の車両に変更されている

利用が好調だったスーパー雷鳥は、7両編成から9両編成に。クロ481形2000番台の先頭部の塗分けが変更された。写真は1990年8月北陸本線の入善～泊間

485系

（左）大阪～金沢などの区間では、クハ481形200番台とクモハ485-200番台を併結した編成で運用された。写真は1995年4月北陸本線の新疋田～敦賀間

（右）七尾線が電化されて、7＋3両の編成が登場。連結を必要としない3両編成の先頭車として、主にクハ481形300番台が使用された

（左）クモハ485形200番台車両。付属編成として用いられる先頭車は、モハ485形が貫通型の先頭車として改造された。写真は1991年3月の金沢運転所

（右）付属編成の3両が切り離されたスーパー雷鳥。金沢～和倉温泉間、金沢～富山間を主に走行。一部列車は富山地方鉄道を直通して宇奈月温泉まで単独運転を行った

しらさぎ/雷鳥

（右）683系への置き換えが進み、スーパー雷鳥は『サンダーバード』に統一。485系はリニューアルされ『特急しらさぎに』転用された。写真はクロ481で2001年の新塗装

（下）2001年に登場した485系特急しらさぎの新塗装。ミルキーグレーの地色に、濃青とオレンジの帯。2003年まで運用された

特急しらさぎが683系2000番台に置き換えられた後、485系は国鉄特急色に塗色変更され、特急雷鳥に転用されている。写真は2003年北陸本線を走る2000番台車両

RED EXPRESS

1991年2月頃から特急有明、特急にちりんに使用された485系が、通称RED EXPRESS。JR九州のコーポレートカラーに近い赤色に一新されている。写真は1995年4月日豊本線

（左）車両前面の運転台下にRED EXPRESSの白抜き文字が入っている。ヘッドマークも専用のデザインが新調された

（右）1988〜1991年にかけてクハ480やクハ481の200番台車両は、前面の貫通扉の引き戸が撤去され、非貫通化工事が実施されている

上段左が『特急ハウステンボス』。上段右がRED EXPRESS。下段左が特急かもめ。下段右が特急みどり。車両側面のロゴや、窓周辺の塗装の違いが見て取れる

（左）1992年3月から博多〜ハウステンボス間で運行を開始した特急ハウステンボス。運行開始時は3両編成

（右）特急ハウステンボスは利用客の増加に伴い、特急かもめ用の車両が増結されたほか、特急みどりとの併結運転などが行われた

（左）1990年3月から登場した特急かもめ用の車両。かもめ用のみ窓周りが黒色に。写真は1991年5月の鹿児島本線・原田〜けやき台間

（右）1990年12月に登場した特急みどり用の485系。車両はクハ480。車体には「MIDORI」などのロゴが

ハウステンボス/きりしま&ひゅうが

（右）モハ485形を先頭車化改造したクモハ485形100番台の車両。写真は1994年2月の南福岡電車区

（左）1994年3月から特急ハウステンボスは3両から4両編成に。内外装が一新された。後ろ4両は併結の特急みどり。写真は1994年の佐世保線を走る200番台

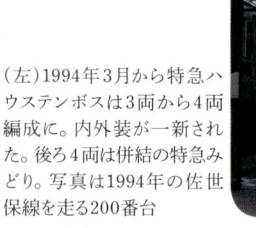

リニューアルされた特急ハウステンボス。先頭は200番台。赤一色の塗装から、赤を基調に、緑、黄色、コバルトブルーで塗り分けたカラフルな塗装に変更された

特急きりしま、特急ひゅうが用の485系。側面の配色は、ハウステンボス時代とそっくりだが、若干異なる

サハを抜いた3両編成の『特急ひゅうが』。2000年3月から特急ハウステンボスが783系化され、485系は『特急きりしま』と特急ひゅうがに転用

特急ハウステンボス用の塗装。ロゴのみが消されている。特急きりしま、特急ひゅうがに転用のため、3両に短縮されている

特急きりしま、特急ひゅうが用に改められた3両編成。車両前面に「KIRISIMA & HYUGA」と表記され、ヘッドマークも「K&H」に変更されている

きりしま/国鉄色

485系

1995年のデビュー時の特急きりしま。特急有明、特急にちりん用の編成が短縮された3両編成。塗色は緑色。写真は1995年4月の日豊本線・都城

（左）2004年頃に特急きりしまの保留車が、デビュー時と同じ緑色の塗装に変更され、2010年7月まで運用された

（上）2000年頃に国鉄特急色に戻された特急にちりん。写真は2001年の日豊本線の宮崎～南宮崎間

元RED EXPRESSの車両。飾り帯が撤去され、前面の貫通扉が埋められているため、従来の車両とは異なる印象。写真は2001年3月、日豊本線の宇佐～西屋敷間を走る車両

485系ボンネット型がベースの新造車。EF63と協調運転を行い、12両編成で信越本線の急勾配（碓氷峠）を越えるための仕様変更がなされている

EF63と連結しない側のクハ489形1/2番車。同時期に製造されたクハ481形100番台とほぼ同じ仕様。写真は1983年の信越本線

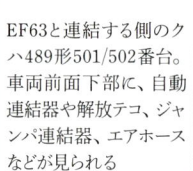

EF63と連結する側のクハ489形501/502番台。車両前面下部に、自動連結器や解放テコ、ジャンパ連結器、エアホースなどが見られる

（上）489系を先頭車両として、東北本線の鶯谷〜日暮里間を走る『特急そよかぜ』。タイフォンがスカートに設置されている

（右）500番台車両は、特急白山、特急雷鳥、特急北越、特急しらさぎなどでも活躍。写真は、1991年の特急しらさぎ

1978年10月から489系が投じられた特急はくたか。特急白山の補完的な列車。写真は1980年の上越線・越後中里〜岩原スキー場前間

（左）碓氷峠を下る489系の『特急あさま』。信越本線の熊ノ平信号場、1986年5月

クハ489形0番台。EF63と連結を行わない側の先頭車両。前面下部に連結器には485系と同様、カバーが設置されている

クハ489形500番台。前面下部に自動連結器が見える。車両番号の横に横軽対策施工車両を示す「G」マークが表示されている

（上）500番台車両。タイフォンがボンネット下部に移動され、スカート周囲がややスッキリしている。写真は1982年の信越本線

（左）489系で走る特急雷鳥。列車名の雷鳥は富山県の県鳥。写真は1975年北陸本線の福井〜森田間

白山色

1989年に登場したカラー。6号車の半室が改造され、ラウンジと売店を設置（ラウンジ＆コンビニエンスカー）

通称「白山色」。EF63との協調運転で、最大12両編成で碓氷峠を越えることが可能。1997年6月の様子

地色はオイスターホワイト。ローズピンクと青、ライトブルーの帯。1997年の特急白山の廃止まで運用された

未明の横川でEF63を解結する『急行能登』。1993年以降に14系客車から489系に変更されている。写真は1997年時点

1997年に横川〜軽井沢間が廃止になり、急行能登の運行経路が上野〜長岡〜金沢に変更されている。写真は1999年の高崎線・桶川〜北上尾間

485系

信越本線直江津に並ぶ特急北越と『スーパー雷鳥信越』。1989年当時の写真。平成初頭の北陸本線を走る特急列車の代表格

国鉄特急色に戻されたクハ489。2010年まで急行能登に使用。1番車両が京都鉄道博物館に、501番車両が石川県小松駅付近の公園に保存されている

489系のボンネット型は2000年頃に国鉄特急色に戻されている。写真は2001年4月に北陸本線新疋田付近を走行する特急しらさぎ。

クハ**489** 201〜203/601〜603

1972年に登場した489系200/600番台の特急あさま。485系200番台に準した貫通型。EF63と連結しない側の先頭車両が600番台。CPが2基搭載されている

（左）信越本線の横川〜軽井沢間で、重連のEF63と連結し制御を受けながら走行する200/600番台。写真は1975年

（右）碓氷峠の急勾配にさしかかる200番台。勾配が激しく、先頭のEF63はすでに見えなくなっている。写真は1988年

（左）600番台車両の特急雷鳥。写真は1978年9月の北陸本線・敦賀〜新疋田間

（右）前面の貫通扉が溶接されている200番台。1983年10月に熊ノ平信号場を通過する特急白山

（左）クハ489形600番台。500番台とは異なり密着連結器を備えている。雪対策のため、連結器にカバーがかけられた車両

（右）200番台は、JR西日本では特急しらさぎ、特急雷鳥などに使用された。写真は1994年の北陸本線・高岡〜西高岡間

クハ489 301〜304/701〜704

クハ489形300番台/700番台は1974年に登場した、非貫通式の車両。300番台はEF63と連結しない側。連結する側は700番台。クハ481形300番台に準ずる設計

700番台の特急白山。正面の見た目は300番台とほぼ同じで違いが分からない

700番台車両。CP（空気圧縮機）を床下に搭載しているため、300番台には設置されている運転台側面下部の点検口や、冷却風取入口がない

あさま/白山

国鉄分割民営化を直前に控えた1986年11月に、200番台の3編成が特急あさま、特急そよかぜ用に投じられ、1992年頃に塗色が「あさま色」へと変更された

485系特急の主な路線図

新潟

直江津

長岡

和倉温泉

富山

金沢

京都
↕
大橋立
はしだて

大阪
↕
富山
雷鳥
※8

大阪
↕
金沢・和倉温泉・富山・新潟
雷鳥
※7

加越
米原
↕
富山

名古屋
↕
富山
しらさぎ

天王寺
↕
新宮
くろしお

京都
↕
城崎温泉
きのさき

新大阪
↕
豊岡・城崎温泉
北近畿／こうのとり
※9

城崎温泉

天橋立

豊岡

福知山

米原

名古屋

京都

新大阪

天王寺

大阪

和歌山

新宮

名古屋
↕
博多・熊本
つばめ
※10

小倉・博多
↕
長崎・佐世保
かもめ・みどり
※11

広島

岡山

下関

小倉

有明

門司港・小倉・博多
↕
宮崎・西鹿児島
にちりん

大阪
↕
宮崎
日向

新大阪・岡山
↕
西鹿児島
なは

新大阪・岡山
↕
小倉・大分
みどり
※12

佐世保

博多

鳥栖

別府

大分

肥前山口

早岐

長崎

熊本

水前寺

門司港・小倉・博多
↕
宮崎・西鹿児島

宮崎

西鹿児島

※1　1982年11月まで、上野〜青森
　　　1982年11月から、盛岡〜青森
　　　1988年 3月から、盛岡〜青森・函館
※2　1982年11月まで、上野〜青森
　　　1982年11月から、新潟〜秋田・青森
※3　1982年11月まで
※4　1997年 3月から
※5　1975年 3月10日から、湖西線経由。2001年 3月3日まで
※6　2002年10月〜2010年12月まで八戸〜函館
　　　2010年12月から、新青森〜函館
※7　1975年 3月10日まで
※8　1975年 3月9日まで
※9　2011年 3月11日まで北近畿。同12日よりこうのとり
※10　1972年 3月より岡山〜博多・熊本
※11　1976年 7月より
※12　1975年 3月まで

白山色の300番台。保安装置変更のため、特急白山がボンネット車に統一されたため、この車両は90年代前半には見られなくなった

9両編成の200番台。写真は信越本線の坂城〜西上田間を走る特急あさま。廃止となる前年の1996年の様子

EF63と協調運転を行う白山色の300番台。1990年8月、信越本線の熊ノ平信号場〜横川間

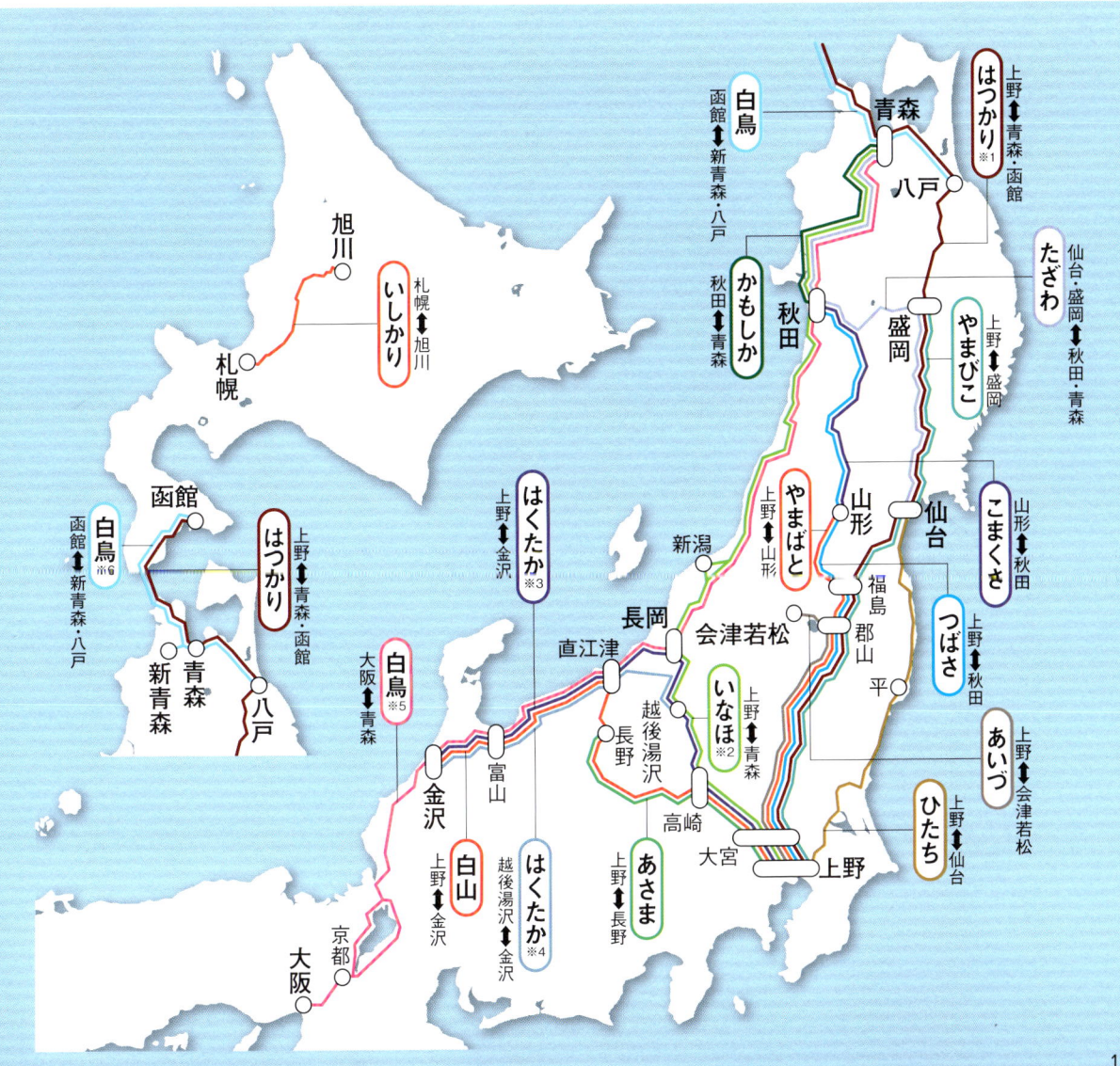

781系

極寒や大雪と闘った北海道用の特急列車

北海道という寒冷地、及び粉雪などの環境に対応するために作られた特急車両。国鉄初の交流専用特急車で、1978年に試作車が登場し1980年から量産された。主電動機はMT54E、台車はDT38A、TR208Aなど、既に道内に導入されていた711系に準ずる。制御方式も711系と同じ、サイリスタ位相制御を採用している

が、発電ブレーキが追加されている。最高速度は120km/hで、登場時の基本編成は6両。試作車による6両1編成と、量産車7編成の、合計48両が製造された。

内外装のベースは485系。グリーン車はなく、「クモハ781」「モハ781」「クハ780」「サハ780」の4車種によるモノクラス編成。塗色は他の国鉄特急と同じクリームと赤だが、北海道の雪の中でも識別しやすいよう、車両前面にも帯が描かれている。

SPEC

製造年●1978年〜1980年
導入●1979年 3月19日
引退●2007年10月27日
製造数●48両

材質●普通鋼
最高速度●120km/h
所属●日本国有鉄道／
　　　JR北海道

0番台（量産型）車両。前面まで描かれた赤帯が781系の特徴。内外装のベースとなった485系1500番台と同じく運転台上のライトは2灯。テールライトは外ばめ式

交流電車の制御装置として多く用いられた、サイリスタ位相制御装置を採用。高速運転に対応するため、同方式で通常は不要な発電ブレーキ用の抵抗器を屋根上に設置

（上）クハ780。動力車ではなく付随制御車だが、ユニット形式の都合上、パンダグラフや主電圧機などを搭載している

（左）札幌〜旭川間を結ぶ『特急いしかり』の運転区間が延長され、名称を変更した『特急ライラック』。室蘭〜札幌〜旭川間を走行。国鉄初の空港連絡駅である千歳空港（現南千歳）に停車し、空港アクセス線として活躍

900番台(試作車)。1979年から485系1500番台に混じり、特急いしかりとして登場。900番台は車端から2番目の窓が開閉したが、量産車では設置されなかった

781系

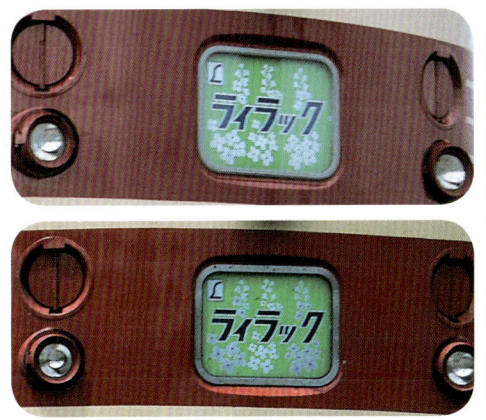

写真上が900番台で下が0番台。試作車は愛称表示機(ヘッドマーク)の枠の内側のフチはゴムで作られていたが、量産車では金属に変更されている

写真左が900番台。右が0番台。試作車の側灯(窓上の丸い部分)は小さい丸型だったが、量産車では縦に長い楕円形に変更されている

運転席上部に、運転席窓ガラスへの着雪を防止するダクトを取り付けるための、準備工事が行われた車両。ステーのみが取り付けられ、運転席上部に釘のように飛び出ている

着雪防止ダクト

1985年以降、着雪防止ダクトが順次設置された。運転席上のライト左右に設置された、銀色の金属部分がそれ。走行時に空気を集め、吹き出すことでガラスへの着雪を防止

このダクトは、北海道の環境ならではの装備。列車の走行によって粉雪が巻き上げられ、進行方向とは逆側の先頭車（最後尾）の窓ガラスに付着し氷結したために対策された

ダクトの後部から取り入れられた空気が、窓ガラスに向けて吹き出し、着雪を予防する。単純な構造の装置だが、除雪作業を低減する大きな効果を発揮した

1986年5月から中間車であるモハ781、サハ780の各4両を先頭車化改造。それぞれクモハ781、クハ780の100番台と改められた

100番台

781系

（上）100番台の登場で6両×8本の編成は、4両×12本へと変更。1986年11月のダイヤ改正時に『特急ホワイトアロー』が1日6往復、特急ライラックが14往復に増発

（左）4両編成化後、札幌〜旭川間など、一部区間で混雑が生じたため、解結容易のための連結器を交換した。4両＋4両の8両編成で運行される場合もあった

1992年7月の新千歳空港開業に伴い、特急ライラックは札幌〜旭川間に変更。札幌〜室蘭間は
『特急すずらん』として分離、また札幌〜新千歳空港間には『快速エアポート』が登場した

ライラックから分離して、札幌〜新千歳空港間に登場した空港連絡列車の快速エアポート。ライラックとの直通運転を行った

1991年から、クハ780、サハ780の全車に客用扉の増設工事が随時施工された。乗務員扉の近くに新たに客用扉が設けられ、片側2カ所に。これにより、空港への連絡駅など、利用客数が多い駅での乗降がスムーズになった

似スーパーとかち色

客用ドアの増設と同時期に、781系の塗色が変更。1991年7月に登場したキハ183系
『スーパーとかち』に準ずる配色となった。写真は1扉のまま塗り替えた編成

スーパーとかち色に変更された特急ライラック。
1992年9月に函館本線の豊幌を走行中のもの

札幌～新千歳空港間の直通運転を行う快速エアポート。写真は、千歳
線の上野幌～西の里信号場間

植苗～沼ノ端間を走行する特急すずらん。札幌～室蘭間を1日に7往
復する特急列車だが、東室蘭～室蘭間は普通列車として走行した

1993年頃にモハ781も客用ドアが2カ所に改造された。これにより、クモハ781以外は2扉車となり、混雑する快速エアポートの乗降時間短縮に繋がった

2002年3月まで旭川～札幌～新千歳空港間で運行された『ライラック・エアポート』。以降は785系などに置き換えられていった

2000年頃から、120km/h以上で運用される特急車両に対して、窓ガラスの表面に破損防止のためのポリカーボネート板が設置された

2000年から快速エアポートなどに、普通車座席指定席『Uシート』の設置工事を実施。新型リクライニングシートなどを設置し、普通車座席よりも上位に位置付けられた

Uシート車両には、窓周りに青帯、その下は細い赤帯の塗装に。客用扉脇に「U」マークが描かれている

ドラえもん海底列車

（左）青函トンネル見学列車として設定されていた『ドラえもん海底列車』は、2003年から781系車両に。函館〜吉岡海底で運行され、回送列車で蟹田まで走行

（上）2006年8月まで運行。外装や車内にドラえもんと仲間たちが描かれているほか、自動放送による車内案内の音声も、ドラえもんが担当している

©藤子プロ・小学館・テレビ朝日・シンエイ・ADK

781系特急の主な路線図

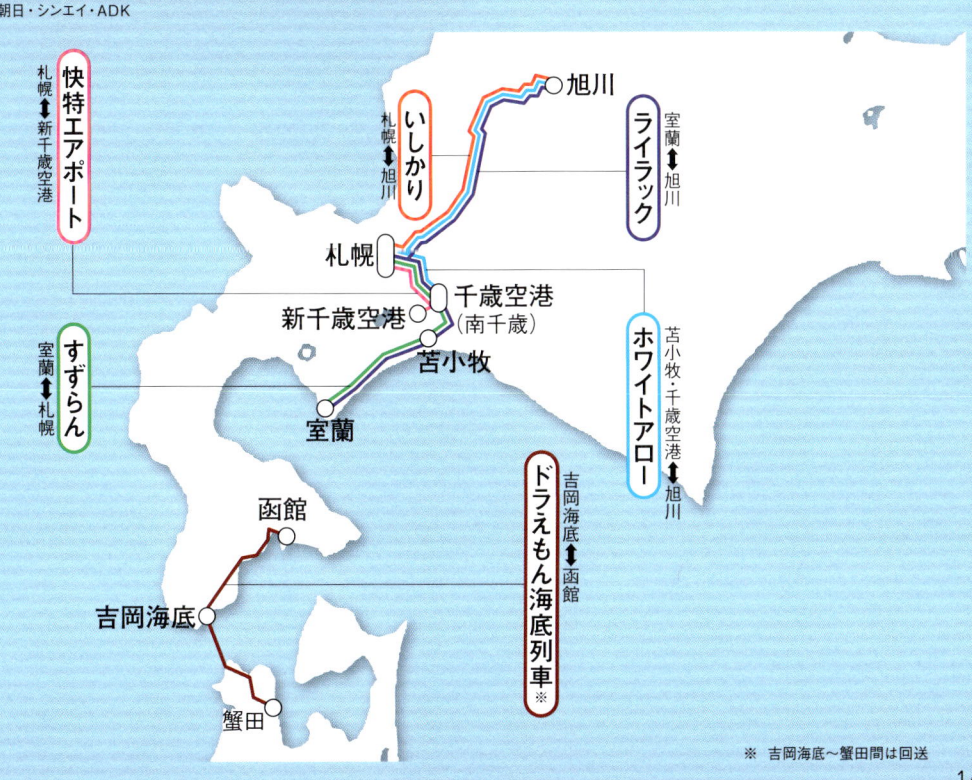

快特エアポート　札幌⇄新千歳空港

いしかり　札幌⇄旭川

ライラック　室蘭⇄旭川

ホワイトアロー　苫小牧・千歳空港⇄旭川

すずらん　室蘭⇄札幌

ドラえもん海底列車　吉岡海底⇄函館　※

旭川

札幌

千歳空港（南千歳）

新千歳空港

苫小牧

室蘭

函館

吉岡海底

蟹田

※　吉岡海底〜蟹田間は回送

583系

国鉄初の特急型寝台車
かつ初の貫通型

夜間は寝台車、昼間は座席車として使用できる昼夜兼用の特急として、1967年にまず50両が製造された。車体色は寝台列車をイメージした青15号の側帯とクリーム1号。通称は「月光型」。当初はオール2等寝台車の編成で、主要機器は481系を基本とした交直流車。ボンネットをなくすことで寝台数を多くし、将来の分割

併合のために貫通型構造を採用した。このスタイルの特急列車は581系で初めて誕生した。

寝台車はレール方向の3段式寝台（一部は2段式）で、昼間時は固定のクロスシート。1968年にリクライニングシートを備えたサロ581形が登場したが、リクライニングの寝台化が難しく断念したため天井が高かった。食堂車のサシ

581形は、料理室内部に電子レンジなどが設けられ完全電化されていた。入れ替え運転を想定し、回送用の運転台が設けられていた。

SPEC

製造年●1967年〜1972年	材質●普通鋼
導入●1967年10月1日	最高速度●120km/h
引退●2017年 4月8日	所属●日本国有鉄道／
製造数●434両	JR東日本／
	JR西日本／JR北海道

581系

新大阪～大分間を走る昼行『特急みどり』と新大阪～博多間を走る夜行『特急月光』で運用を開始。昼夜兼用特急として運行した。581系は60Hzの交直流車両

山陽路の難所瀬野～八本松間を走行。151系などは補機を必要としたが、MT54Bモーターの581系は、電動車と付随車が半々という比率ながら補機なしで越えた

581系先頭車のクハネ581。登場当初は、タイフォンカバーがスリットタイプになっていた

583系先頭車クハネ583。クハネ581とほとんど同じだが、当初よりタイフォンカバーが寒冷地用のシャッタータイプ

クハネ581とクハネ583の並び。かろうじてタイフォン部分に違いが分かる。1973年の南福岡電車区の様子

乗務員扉と客用扉の間に機械室が設置されていた。また、他の特急車両と比べると、帯である青15号の塗り面積のほうが地の色よりも大きいのが分かる

583系

1968年、東北本線に対応するため、50Hzの交流に対応し、耐寒耐雪設計がされた583系が登場。東北本線での運行開始当初は、先頭にクハネ581形が連結されていた

東北線を行く583系は当初クハネ581が先頭であったが、将来的な15両編成化に備えてクハネ583が用意され、これにより定員が増えた。なお15両化はされなかった

先頭車がクハネ583となった後の『特急ゆうづる』。夜行の特急ゆうづる＋特急はくつると対になる昼行特急として、特急はつかりが当初2往復運行され、後に増発された

MGを210kVAにするとともに、小型化されたクハネ583。クハネ581とは異なり、床下にMG、運転台下にCPを設置することで機械室を廃止し、定員増となった

博多駅に入線する『特急金星』。東北路に主に投入されたクハネ583だったが、九州・山陽方面にも数量両が配置された

短編成

1982年11月のダイヤ改正で、東北新幹線が開業したことにより、盛岡〜青森間に短縮された特急はつかり。当初は13両編成だったが、1985年3月には9両編成に減車された

10両に減車された『特急彗星』。相次ぐストライキと値上げにより、大阪〜宮崎間は航空運賃のほうが安くなる始末だったため利用客が減少。列車本数も大幅に減った

新大阪〜宮崎間を走行した特急彗星。1975年3月からは、3往復中2往復が583系に。減便から減車をたどり、1984年2月からは再び客車に戻った。先頭はクモハ581

583系

主な特急

名古屋〜博多を走行した『特急金星』。『特急つばめ』の対になる列車だった。特急つばめが名古屋発着でなくなると、名古屋〜富山間の『特急しらさぎ』に転用された

新大阪〜熊本間を走った『特急明星』。最盛期には583系による1日3往復と、客車による4往復の計7往復が設定された。1982年11月まで583系で運転された。先頭はクモハ581

特急金星、特急彗星、特急明星は、1968年10月のダイヤ改正で登場（特急彗星の583系化は75年以降）。ヘッドマークの絵幕化は1978年10月の改正より行われた

キハ80系や485系で運転されていた『特急にちりん』に、1980年10月から投入され、宮崎発の特急彗星の昼間運行となった。1984年2月に485系に置き換わった

山陽・九州特急で活躍した列車。『特急きりしま』は京都〜西鹿児島の運転で583系初の1000km超の列車。『特急しおじ』は新大阪〜広島間の直流区間のみ走行した

149

本州〜北海道連絡列車。583系は所要時間を大幅に短縮した。夜行の特急はくつる、特急ゆうづる、昼行の特急はつかりと昼夜兼用特急のメリットを大きく発揮した

（上）1968年10月より583系で運用された『特急はくつる』は、上野〜札幌間の所要時間20時間50分から、18時間に短縮。青函連絡船と『特急おおとり』との接続を行った

はつかり以外でゆうづるの対になる列車として走った『特急みちのく』は常磐線経由で運行。『特急ひばり』は1972年〜78年だけ間合い運用で上野〜仙台を1往復した

（下）金星の間合いとして名古屋〜富山間を走った特急しらさぎ。雪の遅延による影響が大きく1978年10月に転換

（上）主に1988〜96年頃設定の多客臨の『特急あけぼの』81・82号。年により、上野〜秋田・弘前・青森と行先も異なった

583系で運転される臨時の『特急日本海』51号・52号。1985年の秋臨として大阪〜青森間で運転された

1978年10月より16往復のうち4往復が583系になった特急雷鳥。雪による影響などを考慮して、夜行列車との共通運用を持たない独立したものだった。また1985年1月まで食堂車営業も行った（後にA寝台列車編入の関係で終了）

1986年冬より運転された『シュプール』。スキーのツアーバスに対抗した、大都市圏からスキー場直結の急行列車。行きは夜行、帰りは昼行列車として運転された

『シュプール妙高・志賀』は姫路〜長野間、西明石〜黒姫間などで走った。一部列車は485系と併結運転や混結運転を行うなど、なにかと話題の多い列車だった。この他シュプールは、蔵王や上越などさまざまな行き先のタイプがあった

1985年のつくば万博の際、宿泊施設不足のため『列車ホテル』として登場。土浦駅で停泊し、翌朝に万博中央駅（現在のひたち野うしく）へ走行

1989年夏から神戸〜軽井沢間を北陸本線経由で走った『シャレー軽井沢』。当初は8両の寝台急行だったが後に7両化。寝台上段を格納し、中下の2段寝台化していた

地方より東京ディズニーランドに向かう臨時団体列車として運転。夜に出て朝に舞浜、夜に舞浜を出て朝に出発地へ戻れるという寝台列車のメリットを発揮した

2003年より数年、仙台〜会津若松間で運転された『臨時快速白虎』。由来は戊辰戦争の白虎隊から。喜多方まで運転することもあった

きたぐに

（上）1985年3月のダイヤ改正で14系客車に代わり『急行きたぐに』に投入。改正前に『夜行急行立山』で使用されていた車両を転用。寝台車と座席車が半々で設定されていた

（左）民営化直前のきたぐに。投入当初は12両編成だったが、1986年11月には、10両編成に短縮された。多客時には12両編成で走行した。この頃、絵入りヘッドマークになった

1989年末頃に一部のサロ581の車端部に、シュプール号などでの使用を想定したソファーが設けられ、ミニサロン化したサロ581-100番台が3両登場している

A寝台需要に応えるため、サハネ581の3段B寝台を2段に改造。車体側面の小窓が1列のみになっている。538系唯一のA寝台車で、サシ581と入れ替えて編入された

1991〜93年にかけ延命N40工事を施工（製造後40年使用できるようにするもの）。水色に紺と
緑帯という塗色に変更されたほか、ブラインドが横引きカーテンとなった

1997年頃からJR西日本アーバンカラーへ塗り替えが始まった。側面には「Kitaguni Express」
のロゴ入り。きたぐにには583系最後の定期列車で、2013年1月頃まで走った

715系 九州

長崎・佐世保線用に、581系を60Hz交流電車に改造したものが715系。乗降扉2扉化、上中寝台の撤去、一部ロングシート化、側窓の一部開閉化工事が施され48両が改造された

4両編成で、1984年2月に運転開始。色はクリーム1号に緑14号の帯。当初は上中寝台の小窓は残されていた。581系顔のクハ715-0にはトイレが設置されている

先頭車両不足のため、サハネ581を先頭車化し、クハ715-100とクハ715に改造された。前面形式は切妻形。中間電動車はモハネ580とモハネ581から改造している

クハ715-0の種車となるクハネ581が10両しかないため、クハ714-100が2両だけ製造された。トイレ付きの先頭車で、本車両が増結された編成は両端とも切妻形の先頭車

(上)民営化の近づいた1986〜87年にかけて、クリーム10号に青23号の九州色へ改められた。また、1986〜90にかけて、元上中段寝台だった小窓がうめこまれた

(左)佐世保線を走行する715系『タウンシャトル』。九州北部の都市圏輸送近郊列車につけられた愛称で、福岡都市圏ではマイタウン電車という名称だった

先頭車のクハ715と最後尾のクハ715の小窓が埋め込まれている。同型のクハ715-1は九州の鉄道記念館でクハネ581-8として保存されている。写真は鳥栖駅

715系は元々特急型で、折戸式のドア幅は70cmほどしかなかった。そのため乗降に時間がかかるなどした。1996年以降、813系に置き換えられ、1998年に引退した

715系 1000番台

715系1000番台は、耐寒耐雪仕様の50Hz用交流電車として583系を改造したもの。1985年3月のダイヤ改正から登場し、トータルで60両が改造された

（左）切妻型先頭車のクハ715形1000番台。0番台と同様サハネ581を改造。当初から上中段寝台の小窓が埋められているほか、タイフォンがヘッドライト横に設置された

（下）登場時は0番台と同じクリーム1号に緑14号の帯という塗色だったが、前面の塗りかたが異なっている。写真は、後の塗色変更後車両との混色編成のもの

1986年頃より、クリーム10号地に緑14号の帯に変更された。この色は東北色と呼ばれ、417系、455系、457系、717系など仙台地区の近郊型電車全般に数多く見られた

50Hz用交流電車のため、中間車はモハネ582形とモハネ583形から改造された。扉は半自動化されている。クハ715形1000番台は全車クハネ581形から改造されている

ラッシュ時には2編成を連結し8両編成で走行していたが、それでも対応しきれず不向きな車両であった。701系の増備により1998年までに廃車となった

419系

北陸本線用に、交直流機器を流用しつつ耐寒耐雪仕様とし
て改造されたのが419系で、ドアが半自動対応となっている。
1984年2月より登場。合計で45両が改造された

モハネ583形を改造したクモハ419形。先に北陸本線に投入
された475系の普通列車に合わせ3両編成となったため制御
電動車が必要となり登場。塗色は赤2号にクリーム10号

1988年以降、白地に青帯の組み合わせに塗り替えられ、全車延命工事がされた。クハ419形には愛称名表示器が埋め込まれた車両もある。475系や413系も同色となった

先頭がクモハ419形、後方がクハ418形というクハ419形のない3両編成。両車の見分け方は、車両後方にトイレ設備があるかないか。ないほうがクモハ419形となっている

クハ418形は、サハネ581形を先頭車化改造したもので9両が改造されている。これは、クハ419形（種車はクハネ581形）が6両しかないという不足を補ったため

切妻形先頭車の『TOWNトレイン』。北陸地区の普通列車の名称で2001年頃まで使用された。この切妻形先頭車の通称は「食パン」

583系特急の主な路線図

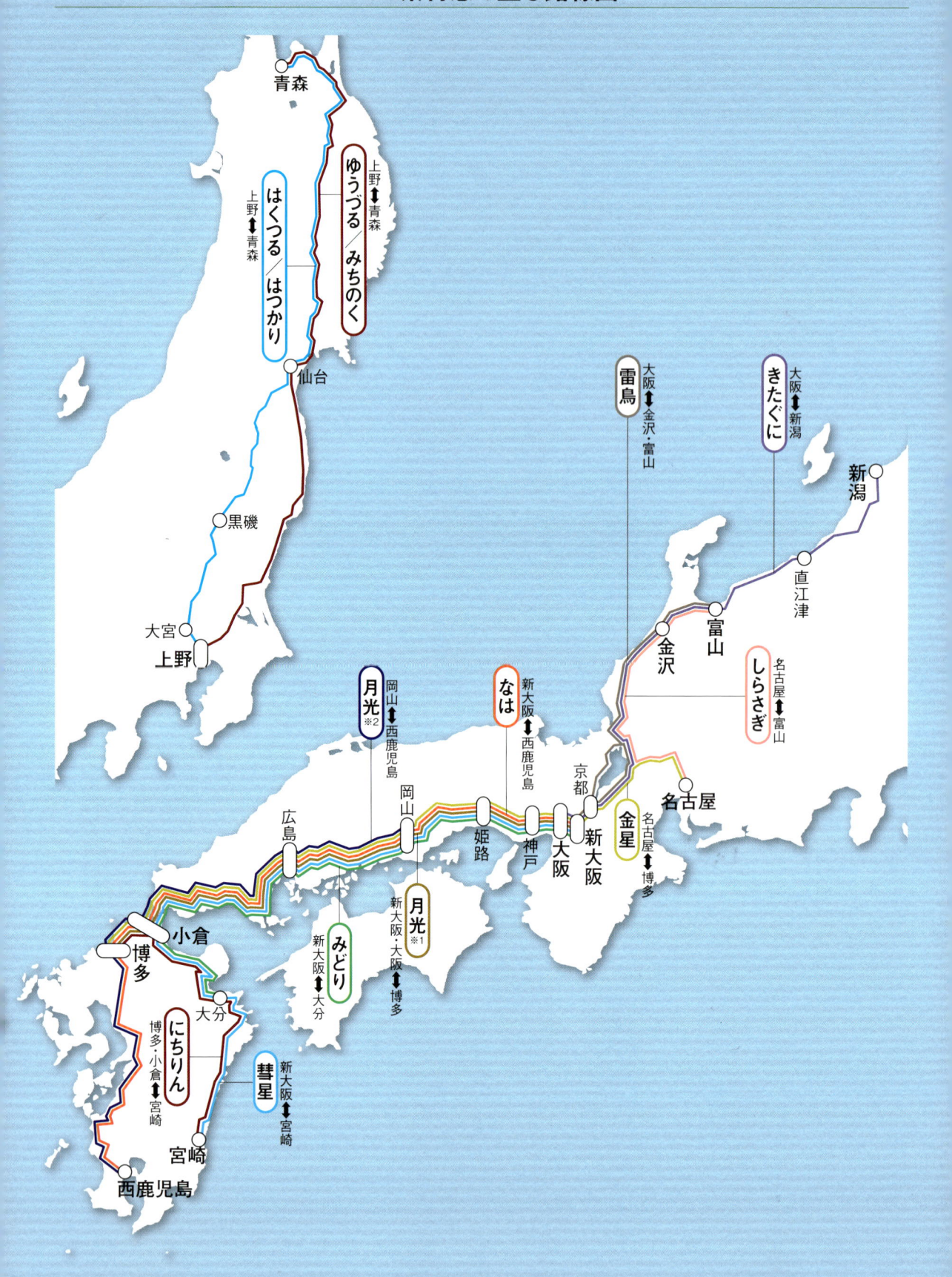

※1 1972年3月まで
※2 1972年3月から

気動車

キハ**80**系

初の特急形気動車
最新型ボンネット車両

キハ80系は、ボンネット型の先頭車キハ81形と貫通型のキハ82形および、中間車の総称。キハ81形は、1960年12月に東北本線の看板列車『特急はつかり』としてデビュー。車両の形状は151系に似たボンネット型だが、内部に発電エンジンが設置されており、イメージは大きく異なっている。1編成は9両で、最初の

1編成は1両ずつを9つの会社が製造。特急はつかりとして9両編成が2本、予備車両8両の合計26両が製造された。

新造費用は当時の価格で約2.5億円。当時の最新・最高とうたわれた車両設備を備えている。落成は1960年9月15日。しかし運転開始後の1週間前後で車両故障が頻発。国鉄内に「はつかり事故調査委員会」が発足された。

こうした背景を受け、キハ81形の改良型としてキハ82形が生まれた。

SPEC
製造年● 1960年（キハ81系）／1961年〜1967年（キハ82系）
導入● 1960年12月10日
引退● 2002年10月14日
製造数● 26両（キハ81系）／358両（キハ82系）
材質●普通鋼
最高速度● 100km/h
所属●日本国有鉄道／JR北海道／JR東海

キハ81系

キハ81は上野〜青森間を常磐線経由で走る『特急はつかり』
でデビュー。客車特急はつかりの後継列車。北海道への連
絡特急として、上野〜青森間を1時間近く短縮した

塗色は151系と同じクリーム4号に赤2号の帯

151系の『特急こだま』に似せたボンネット型。キハ82系の
印象とは大きく異なる

羽越本線を走行するキハ81が先頭車両の『特急いなほ』。同一
形式（キハ80系）のため、キハ81とキハ82は協調して運転される
こともあった

キハ81は『特急ひたち』の先頭車両として
も使用された。特急いなほと共通運用

車両正面。連結器のカバーが外れているもの。
大きなボンネットは、上部に開くようになってお
り、メンテナンス性も高かった

キハ81を使用した最後の特急となったのが、
特急くろしお

紀勢本線の尾鷲～大曽根浦間を走行中の特急くろしお。
1974年

キハ81を先頭とした特急くろしお。当時の関西本線は非電化。
キハ81系は、特急はつかりの後、『特急つばさ』→『特急いなほ』『特急ひたち』に使用された

1961年10月の国鉄の大規模ダイヤ改正（通称「サンロクトオ」）より、『特急おおぞら』『特急白鳥』『特急つばさ』『特急まつかぜ』『特急へいわ』『特急かもめ』としてキハ82が運転開始

14両編成の特急白鳥。日本海側初の特急列車。白鳥は大阪～上野間、大阪～青森間の編成を直江津で連結し、大阪～直江津間を走行した

キハ**82**系 デビューラインナップ

碓氷第三橋梁を行く特急白鳥。アプト時代の碓氷峠越えの際は、ED42に牽引されて走行。アプト区間のラックレールに対応するために、ディスクブレーキが採用されている

秋田駅からほぼ同時に発車する特急つばさと特急白鳥。1964年4月2日の秋田駅の光景。キハ82はキハ81とは異なり、貫通式の先頭車両

（上）キハ82は、キハ81の改良型（二次車）であり、同じキハ80系列。基本編成は6両だが、併結や増結で長編成にも対応した。最高速度は100km/h

（左）板谷峠を走る特急つばさ。板谷峠ではEF16形、EF64形に牽引されて峠を越えた。エンジンの最高出力は1800PS

狩勝峠を行く特急おおぞら。函館〜札幌〜釧路を結ぶ特急おおぞらは、上野から札幌へと向かう当時の鉄路最短ルートの一端を担っていた

キハ**80**系

山陽本線の難所、八本松〜瀬野間を走る特急みどり。碓氷や板谷よりも勾配がゆるやかなため、キハ82単独で通過できた。特急みどりは1961年から運転が開始された

（左）京都〜松江間を結んだ特急まつかぜ。写真は1963年7月の京都駅

（下）日豊本線の中津に停車中の特急かもめ。運転開始当時は京都〜長崎間と、京都〜宮崎間を走行。基本は6両編成で、京都〜門司間のみ12両編成で運行

函館本線の七飯～大沼間を走行するキハ82の特急おおぞら。
7＋6の13両編成で走行した

貫通型先頭車のため、キハ81ではボンネット内に設置されていた発電用エンジンが、
床下に設置されている。ラジエーターは運転台と客室の間に設置された

ほぼ183系化されていた特急おおぞらだったが、1986年まで
札幌～帯広間の1日1往復だけキハ82で運転されていた

函館駅に停車する特急おおぞらと『特急北海』。上野発の特
急はつかりと連絡を行っていた、青函連絡船の1便との接続
列車。特急北海が特急おおぞらの5分後に発車していた

特急券が入手困難なほど、特急おおぞらの需要が高まった
ため、増発として1967年に小樽経由の函館～旭川間で登
場。運行当初は7両編成だったが、後に10両編成化された

（左）『特急おおとり』は運行開始当初10両編成で、うち7両は釧路行き。釧路発着が特急おおぞらに編入された後は、6両編成に短縮された

（右）青函連絡線を介して本州からつながる特急として1964年に登場。函館〜釧路・網走間を結んだが、需要の増加により1967年に函館〜釧路編成が特急おおぞらに編入となった

（左）キハ81形から大きく変わった前頭部。併結運転に対応する貫通型となり、前面は大型曲面ガラスになった。ライト類は曲線で構成されたケースに収まり、前面幌が収納式に

（右）室蘭本線を走る特急北斗。函館から青函連絡線を通して、青森で『特急ゆうづる』と接続していた。1990年まではキハ80の車両も使われていた

1984年に開催された小樽博覧会のために、札幌〜小樽築港間を結んだ快速列車。ヘッドマークに描かれているキャラクターは小樽博覧会のマスコット『スリッピ』

1972年から札幌〜網走間を走行する特急に名付けられたのが『特急オホーツク』。写真は1982年7月に、石北線の常紋信号所でタブレット交換をしている場面

1982年7月に石北線の上越信号所〜中越間を走行中の特急オホーツク。車両右側に、2019年現在は数が少なくなっている、腕木式の場内信号機が写っている

（左）1962年4月より、上野〜仙台間を不定期で走る列車として『特急ひばり』が登場。翌年10月には定期化されたが、1965年には全車483系に置き換わった

（右）『特急やまばと』は上野〜山形間を結ぶ特急として1964年に7両編成で登場。翌年10月に上野〜山形・会津若松間を結ぶ特急に変更され、1968年に485系に置き換えられた

1965年に特急白鳥の上野編成が独立して、7両編成の『特急はくたか』が登場。上野〜金沢を信越本線経由で結んだ。1969年に信越本線の電化が完了して11両編成の485系となり、上越線経由となった

特急白鳥は、大阪〜青森・上野間を結ぶ特急として1961年から走行。当初6＋6の12両編成だったが1963年に7＋7の14両に。1965年に上野編成が特急はくたかとして独立

大阪〜青森間の運転となった特急白鳥。同時に新潟駅を経由する14両編成（新潟で4両切り離し）に。1972年に485系の13両編成に置き換えられるまで同編成で運行した

『特急ひだ』は、高山本線経由で名古屋～金沢間を走る特急として1968年に登場。当初は1日1往復だったが、1976年と1978年に名古屋～高山間が増発され、1日4往復に

1965年に登場した『特急あすか』は特急くろしおの間合い使用で生まれた列車で、名古屋～東和歌山間を結んだ。乗客数が少なく、2年後の10月に廃止となった

1985年に特急ひだは金沢発着が終了し、名古屋～高山・飛騨古川間へと短縮。1980年10月には、JR「いい日旅立ちキャンペーン」用にデザインされたヘッドマークが掲示された

1978年に名古屋～紀伊勝浦間を結ぶ特急として『特急南紀』が登場。当初は食堂車のない6両編成で1日3往復運用された。1985年に1往復が増発され4往復に

名古屋・新宮・白浜～天王寺間結ぶ特急くろしお。1965年のデビュー当時は7両編成で後に10両編成に。1978年に381系に置き換わった

1986年のダイヤ改正で編成数が4両に減った特急南紀。民営化後の1989年に5往復に増発。キハ82系で運用された最後の定期列車で、1992年にキハ85系へと置き換えられた

特急まつかぜは京都〜松江を福知山線経由で結ぶ特急として1961年に6両編成で登場。1964年には博多まで延長し9両編成となるが、翌年に10両、最終的に12両編成となった

新大阪〜倉吉、大阪〜鳥取間を走る特急として1972年に登場した『特急はまかぜ』。1975年から1年半だけ、一部米子まで延長された。1982年に80系での運用が終了

京都〜米子・倉吉・城崎間を走る『特急あさしお』は1972年に登場。一部区間を宮津線経由で走行したり、基本10両編成だが、倉吉発着のみ7両など変則的な運用がされた

1975年の山陽新幹線の博多開業に合わせ、接続用特急として、小郡〜米子・鳥取間に6両編成で登場した『特急おき』。翌年の10月には181系に置き換わった

肥薩線経由で博多〜宮崎を結ぶ特急として1974年に登場した『特急おおよど』。名前の由来は宮崎市内を流れる大淀川。7両編成で運行された。上の写真は博多駅に停車中の様子。温暖地だからかタイフォンのカバーがスリットタイプ。下はヘッドマークになぜか微妙に手書き感のあるものもあった

肥薩線の名所でもある大畑、真幸のスイッチバックや、ループを通っていた特急おおよど。写真は大畑〜矢岳間を走行している様子

（左）京都〜長崎・宮崎間に1961年に投入された特急かもめ。1965年に西鹿児島に延長、宮崎編成は『特急いそかぜ』に転出。1968年に西鹿児島編成は転出、佐世保発着が加わる

（右）1968年に特急かもめの西鹿児島編成が転出し、大阪〜西鹿児島間を走る特急として『特急なは』が誕生。鹿児島本線の電化3年後の1973年に485系と置き換わった

1961年に大阪〜博多間を結ぶ『特急みどり』が登場。1964年に大阪〜熊本・大分に延長。翌年熊本編成は転出し、佐世保発着が追加。1967年に佐世保編成が転出

大阪〜宮崎を結んでいた特急いそかぜの宮崎編成が1968年に改称して『特急日向』となった。大阪〜小倉間は特急なはと併結して運用された。1974年に485系と置き換わった

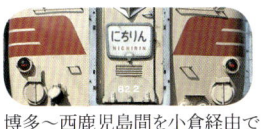

博多〜西鹿児島間を小倉経由で結んだ『特急にちりん』。1968年に特急に格上げされ、当初7両編成の80系で運用された。1971年には9両編成での運用もされている。1972年に485系が投入され、1980年には583系なども加わり80系の運用は終了した

初の九州内特急として1967年に門司港〜西鹿児島を結んだ『特急有明』。鹿児島本線の全線電化に伴い1970年に583系へと置き換えられた

フラノエクスプレス

リゾート列車として誕生。先頭車はキハ80、中間車をキハ82から改造したキハ84。当初は3両編成で、1986年12月より札幌〜富良野を結ぶ列車として運行した

1987年にはANAとのタイアップによる列車も運行されているフラノエクスプレス。愛称表示だけではなく、塗色もANAのカラーに合わせて一部変更されている

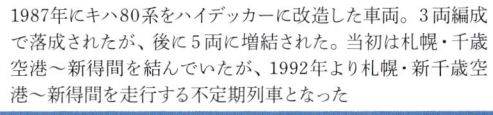
トマムサホロエクスプレス

1987年にキハ80系をハイデッカーに改造した車両。3両編成で落成されたが、後に5両に増結された。当初は札幌・千歳空港〜新得間を結んでいたが、1992年より札幌・新千歳空港〜新得間を走行する不定期列車となった

（上）ぱっと見、フラノエクスプレスと似ているが、ライトの形状をはじめ、前面ガラスの面積など様々な部分が異なっているのが分かる

『フラノエクスプレス』は1987年には中間車を1両増やした4両編成、
1990年にはキハ184を改造した中間車を加えた、5両編成で運用された。1998年に引退

リゾートライナー

1号車と3号車でカラーリングが異なっており、1号車側は赤のライン、3号車側はオレンジのラインが入っている

JR東海がキハ80系を改造した車両。1988年に落成し、3両編成。キハ82、キハ80（先頭車）、キロ80（中間車）、をハイデッカータイプに改造したもの

キハ80系特急の主な路線図

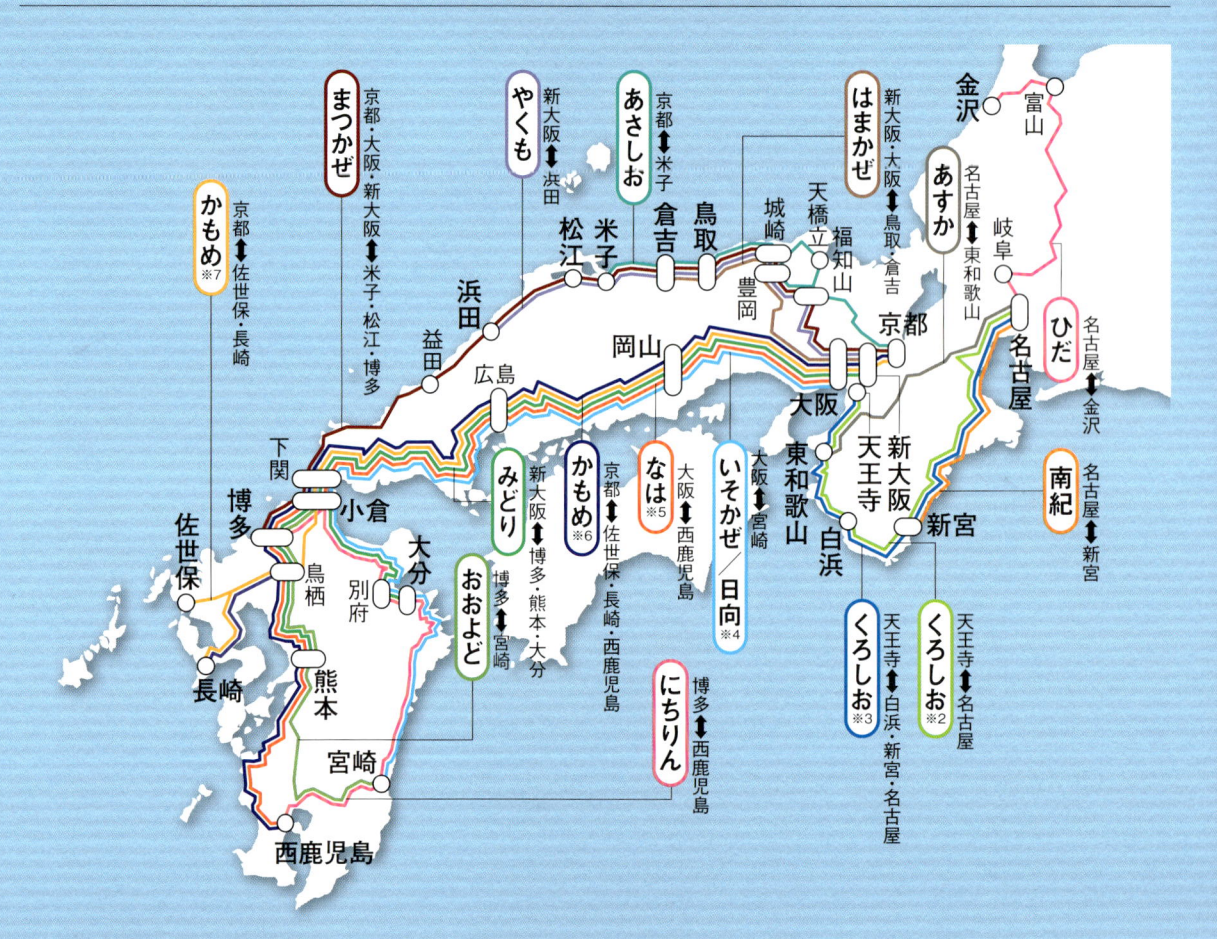

※1　1980年10月まで、函館～旭川・釧路
　　1980年10月まで、函館～釧路
　　1981年10月から、石勝線経由
※2　1973年　9月まで
※3　1973年10月から

※4　1968年10月から、いそかぜを日向に改称
※5　1968年10月～1973年9月まで、大阪～西鹿児島
※6　1965年10月から京都～西鹿児島・長崎に変更
　　1968年　9月まで
※7　1968年10月から

色以外同じに見える1号車と3号車だが、窓の数の違いから、車両構造の違いが見られる。
また、中間車は緑色の帯が入っている。1995年に廃車となった

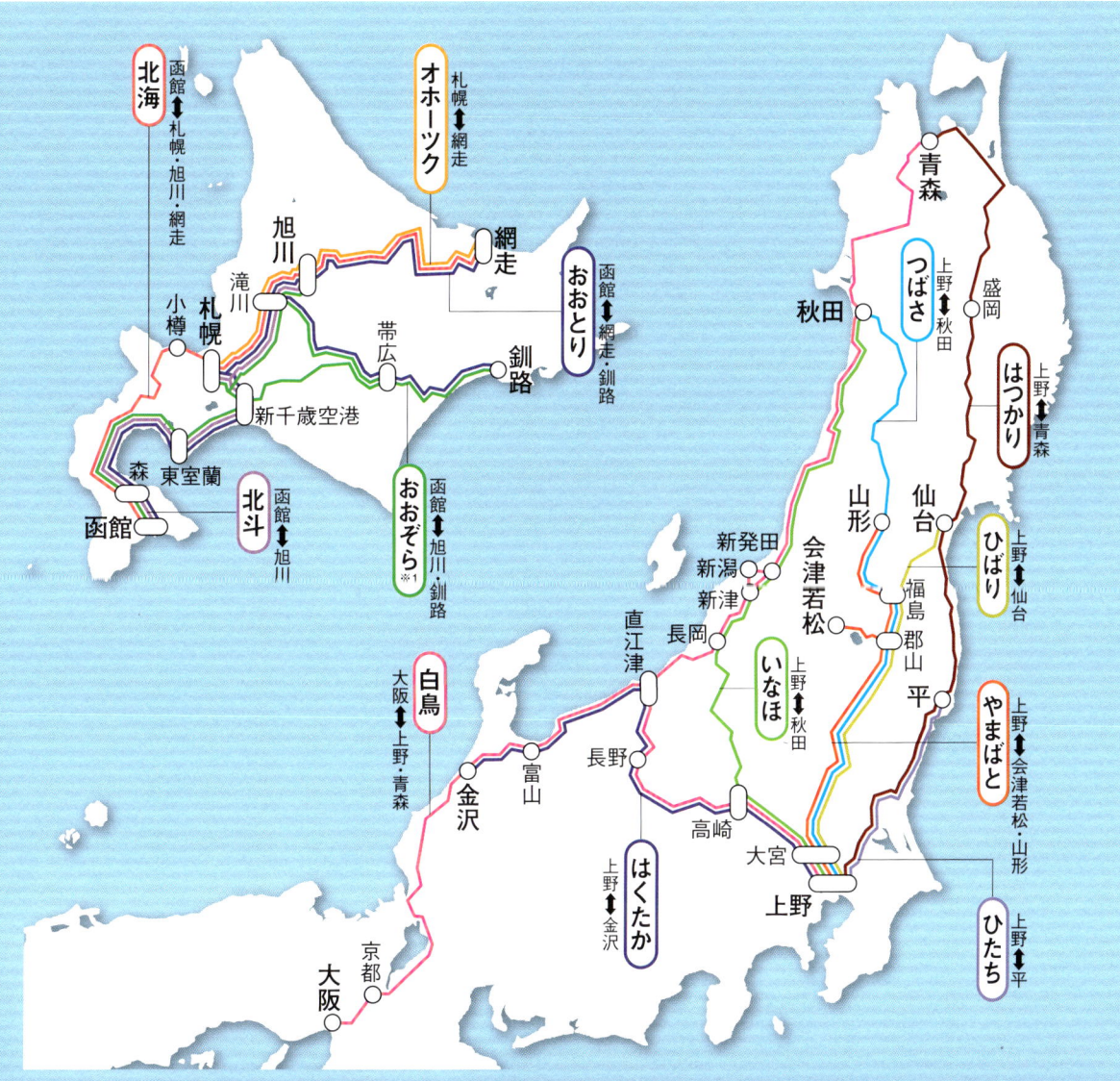

北海　函館⬍札幌・旭川・網走

オホーツク　札幌⬍網走

おおとり　函館⬍網走・釧路

北斗　函館⬍旭川

おおぞら　※1　函館⬍旭川・釧路

白鳥　大阪⬍上野・青森

はくたか　上野⬍金沢

つばさ　上野⬍秋田

はつかり　上野⬍青森

ひばり　上野⬍仙台

いなほ　上野⬍秋田

やまばと　上野⬍会津若松・山形

ひたち　上野⬍平

青森　盛岡　秋田　山形　仙台　福島　郡山　平　会津若松　新発田　新潟　新津　直江津　長岡　長野　高崎　大宮　上野　富山　金沢　京都　大阪

旭川　滝川　網走　帯広　釧路　小樽　札幌　新千歳空港　森　東室蘭　函館

キハ181系

大出力エンジン搭載
勾配路線で活躍した

　1960年頃、国鉄では全国的に特急網の整備が進行。連続勾配線区でも速い速度で走行可能な大出力エンジンを搭載する特急型が求められ、キハ90系、キハ91系を試作車とするキハ181系が誕生した。最大出力500PSのDML30HSCエンジンを搭載（1970年以降はDML30HSE）。最高速度は120km/h。応荷重制御弁付きの電磁自動空気ブレーキ（CLE）を設置。冷房化が重要な目的の一つであり、冷房装置AU13Rを搭載している。

　前面がキハ82系と似た、先頭車用のキハ181系、中間車のキハ180系、中間グリーン車のキロ180系、食堂車のキサシ180系の4形式が製造され、キサシ180系など、動力を持たない付随車も設定された。1968〜1972年までに158両が製造され、北海道を除く勾配線区で活躍した。

SPEC
製造年●1968年〜1972年
導入●1968年10月1日
引退●2011年2月26日
製造数●158両
材質●普通鋼
最高速度●120km/h
所属●日本国有鉄道／
　　　JR西日本／
　　　JR四国

キハ90形の1番車両で、キハ181系の試作車。1966年4月に新潟鐵工所で製造された。写真は落成直後に行われた、新潟〜坂町間での試運転の様子

キハ**90**/キハ**91**

運転席の窓下に設置されている箱の部分は、従来の気動車と連結するための混結装置。車両天井部の大型機械は冷房装置に付随するラジエータ。先端部はラジエータグリル

千葉県に存在していた「千葉気動車区」に
停車するキハ91形1番車両。千葉気動車区
から、関東・東北を中心に、冬季も含めて
様々なテスト走行が実施された

キハ**181**系

キハ91系は、1967年10
月から『急行しなの』とし
て運用を開始。急行し
なのが『特急しなの』に
格上げになった後は、高
山本線で『急行のりく
ら』として運用された

キハ90系、キハ91系によ
る走行結果は、後の急
行型キハ65系および、
特急型キハ181系の開発
時に活用されている

しなの

1968年10月から特急しなのとして、1日1往復で運転が開始されたキハ181系。基本は9両編成で、1編成が動力車8両+付随車1両で構成

ヘッドライト脇の赤色ライトは、故障などで停車した際に点灯させる「交互点滅灯」。列車防護等の役割があった

東北本線で試運転を行う完成したばかりのキハ181系車両。写真は富士重工株式会社宇都宮車両工場で新造された車両

1968年8月に名古屋〜長野間で走行試験を実施。写真は、勾配線区である篠ノ井線姨捨付近をを走行する様子

中央西線を走る特急しなの。先頭車のキハ181の運転室後方には機械室があり、駆動車と電源用エンジンの冷却ファンがある。中間車のキハ180は屋根上に放熱器を設置している

（上）キハ181系の『特急つばさ』は運行開始当初は単独で板谷峠を越えていたが、後にオーバーヒートが頻発。キハ82系の峠越えと同じく補機（EF71）が連結され、電車化されるまで同様の形で運行された

（右）仙台〜秋田間を北上線経由で結んだ『特急あおば』。写真は1975年9月奥羽本線の秋田駅

（上）電車化を翌日に控えた、1975年11月24日のキハ181系。特急つばさとしての最後の運行を終了し、秋田駅にてヘッドマークが外される

（左）キハ80系時は7両編成だった特急つばさは、キハ181系に置き換えられて以降は10両編成に。ディスクブレーキが採用され、冷房用の電源などもパワーアップした

おき/やくも/いそかぜ

1971年4月に登場した『特急おき』は、食堂車を連結した10両編成。勾配の多い新大阪〜出雲市間を結ぶ、陰陽連絡路線に使用された。写真は布原信号場付近（現布原駅）

岡山〜出雲市を結ぶ『特急やくも』。1972年の山陽新幹線の岡山開業時に登場。1982年の電化まで181系で走行した。食堂車を含む10両編成で運行を開始し、後に11両編成に

1985年4月に米子〜博多間に登場した『特急いそかぜ』。登場時から4両の短編成。引退前には米子〜小倉間において、3両編成で運行した。写真は登場直後の姿

（左）1976年までキハ80系で運転された小郡〜米子間の『特急おき』は、1975年にキハ181系に置き換えられた。新大阪〜出雲市を走る特急おきに続く2代目

（右）列車名の由来は島根県の「隠岐」から。奥羽本線の電化により、余剰となった特急つばさ用のキハ181系車両が、2代目特急おきに転用された。食堂車なしの6両編成

まつかぜ/はまかぜ/あさしお

1982年7月に、キハ80系車両からキハ181系に置き換えられた『特急まつかぜ』。同年の伯備線の電化によって余剰となった特急やくも用の車両が用いられた

キハ181系

特急まつかぜと同様、『特急はまかぜ』も特急やくもの電車化によって余剰となったキハ181系に置き換えられた列車。新大阪〜倉吉間で運行し、後に鳥取発着に

1982年7月に山陰本線の伯耆大山〜米子間を走行するキハ181系の特急まつかぜ

特急まつかぜ、特急はまかぜと同様、特急やくもの余剰車によってキハ181系に置き換えられた『特急あさしお』。1982年11月に山陰本線の餘部鉄橋を渡る様子

1986年6月頃から、各ヘッドマークが絵柄入りに変更されている

（上）1972年3月に四国初の特急列車として、高松〜宇和島間を走る『特急しおかぜ』、高松〜中村間を走る『特急南風』が誕生。車販準備室を設けたキロ180-100番台を連結

（左）1972年当初、四国用として26両のキハ181が用意された。デビュー時の特急しおかぜは1日3往復。特急南風は1日1往復を走行

1986年には、四国を走るキハ181は44両に。改造で車販準備室付きのキロ180-150番や、グリーン車＋車販準備室付きのキロ180-200番台などが誕生

キハ185系がデビューした後、四国のキハ180、キハ181には、キハ185と同様の車内設備に変更するアコモデーション改造が実施されている

（上左）国鉄分割民営化の近づく1985年3月のダイヤ改正時から、短編成化が進められた。余剰となった車両の先頭車化改造なども実施。同時期にキサシ180が全車廃車に

（上）新大阪〜倉吉間で運転された『特急はくと』。1994年に『スーパーはくと』に格上げされると、特急はくと用の車両は特急いなばに転用された

1997年11月に『急行智頭』から格上げされ、智頭急行経由に変更された『特急いなば』は3両編成。2003年にキハ187系に置き換えられた

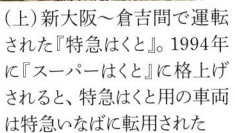

特急あさしおの一部区間を引き継ぐ形で、1996年3月〜1997年11月にかけて、鳥取〜米子間の特急いなばは『特急くにびき』に統合された

1988年12月から米子〜益田間、1996年10月から鳥取〜益田間で運行された特急くにびき。列車名の由来は「国引き神話」。2001年7月までキハ181系が使用された

JR西日本では、181系列車に対して、1988年に延命工事、1992〜1994年に「延命N40」を施行。「延命N40」は耐久性を向上させ、車齢40年まで維持することが目的の更新工事

（上）キハ187系に置き換えられる直前の、特急いそかぜ。一時期絵入りのヘッドマークの盗難などがあり、文字だけのプレートが使用されていた

JR四国色

1988年4月の瀬戸大橋全線（本四備讃線）開通に合わせて、全車の塗装を変更。地色にアイボリー、車体前面や帯には、JR四国のコーポレートカラーである水色を採用している

四国色のキハ181系で運行される、高松〜高知・中村間を結ぶ『特急しまんと』。瀬戸大橋全線開通時の1988年4月に運転を開始した

1990年11月に『急行あしずり』から格上げされた『特急あしずり』にも、アイボリーと水色のキハ181系が使用された。高知〜中村間で運行

1990年11月に松山〜宇和島間を走る『急行うわじま』から格上げされた『特急宇和海』。登場時は急行時代の末期と同様の1日4往復

1988年4月の瀬戸大橋の全線開業時に運行を開始した『特急いしづち』。高松〜松山・宇和島間を運行。ダイヤ改正前の特急しおかぜに準ずるルート

1988年に予讃線内を走行する特急いしづち。キハ181系は中間車の先頭車化改造や短編成化を実施して編成数を増やし、特急いしづち、特急しまんとの運行に備えた

キハ**181**系

1988年以降に特急しおかぜ、特急南風は岡山へ乗り入れたが、瀬戸大橋通過の際の騒音対策のために順次キハ185系へと置き換えられていった

写真は中間車のキハ180形69番から、先頭車へ改造され、102番となった車両。機械室の後ろの小窓がなくなり、客用扉の後ろに行先表示機が設定されている

1998年以降、京都総合運転所所属のキハ181系は、西日本アーバンカラーに塗色変更された。写真は大阪～鳥取間を結ぶ『特急はまかぜ』で、1999年3月に播但線を走行の様子

キハ181系

（左）キハ181系による特急はまかぜは、2010年11月にキハ189系車両に置き換えられ、キハ181系の定期運用が終了した

（下）カニのシーズンに運行される特急はまかぜの補充運行列車『かにカニはまかぜ』。2000～2010年までキハ181系が使用された

キハ181系特急の主な路線図

※1　1971年　4月から1972年3月まで
※2　1976年10月　1日より
※3　1988年　4月　9日まで高松発着
　　　1988年　4月10日より岡山発着

キハ183系

北海道用に開発された特急型気動車

　北海道専用車両としてキハ181系をベースに開発された特急。寒冷地での走行を想定した耐寒・耐雪車両の高エンジン出力車で、1979年に試作車である900番台がデビューした。

　キハ183形、キハ184形のエンジンは最大出力220PSのDMF15HSAで、液体変速機はDW9A。キハ182形やキロ182形は最大出力440PSのDML30HSIで液体変速機はDW10を組み合わせている。

　基本編成は7両だが、函館〜札幌間で電源つき中間車キハ184形を連結した10両編成で走行。

　10両編成の総馬力は3740PSとなり、それまで北海道で使用されていたキハ80系の総馬力3060PSから大幅に強化された。台車は空気ばね付きのDT47A、DT48A、TR233A。冷房装置はAU79を採用。最高速度は110km/h。

SPEC
製造年●1979年〜1992年／
　　　　1988年〜1989年（1000番台）
導入●1980年2月10日／1988年
引退●現役
製造数●89＋36＋32両／
　　　　4両（1000番台）
材質●普通鋼
最高速度●130km/h／
　　　　　120km/h（1000番台）
所属●日本国有鉄道／
　　　JR北海道／
　　　JR九州

（上）900番台車両は19
79年に12両が製造され
た。写真は10両編成。
車両前面は非貫通型
で、着雪を防ぐため山
折りタイプのスラント型
が採用されている

（左）ライト類は同時期
に開発された781系と同
じ4灯。屋根上にラジエ
ーターやベンチレーター
はなく、大型の外気取り
入れ装置と冷房装置の
みを設置

1980年2月から『特急
おおぞら』として運行開
始。1981〜1983年に89
両を製造。『特急おおぞ
ら』『特急オホーツク』の
全車両に充当され、道
内の気動車特急の3分
の1がキハ183系に置き
換えられた

1982〜1985年にかけて量産化のための改造を実施。写真の
先頭車両は、量産型に改造済の900番台試作車。2両目は
塗装のみが変更された900番台試作車

781系の設計やデザインとの類似点が多く、客室も781系に準じている。車体前面の
飾り帯が塗色で塗りつぶされていることも、キハ183系900番台の特長の一つ

1981年10月の石勝線開業に合わせて、1981〜1983年に89両の0番台（量産車）を製造。台車の軽量化や、フランジ塗油器、新鮮空気取り入れ装置の改良などを実施

900番台からスカートの形状が変更され、裾部が折り曲げられていない。また、客室から開閉できる内傾式の窓が設置されていたが、量産型への改良時に撤去された

その他、量産時に自動消火装置の簡素化、燃料タンク容量の軽量化、車端ダンパーの廃止、車側灯の形状変更、車内リニューアル改装、客用扉位置の変更などを実施

試作車、量産車ともに1985年にエンジン出力とブレーキ強化の改良を実施。最高速度が110km/hにアップしている

グリーン車（キロ182形。写真3両目）に売店と車販準備室を
設置。試作車から量産車に設計変更される際、客用扉の位
置が売店等の邪魔にならない位置に変更されている

1981年に函館～小樽～
札幌間を結ぶ『特急北
海』がキハ183系に。特
急北海は、1986年11月
に函館～札幌間の特急
の経由地が統一された
際に引退

量産車改造の際、グリー
ン車の不足を補うため、
キハ184形901番車両が
キロ184形901番車両に
改造されている

白地に赤とオレンジのラインに塗色変更。1990年、特急おおぞらの一部（札幌～帯広間）が分離され、増発され『特急とかち』に

1982年にキハ183系に置き換えられた『特急オホーツク』。札幌～網走間を運行し、9両編成から徐々に短編成化された

函館～札幌間を運行の『特急北斗』。1984年6月からキハ183系が使用され、1986年には全定期列車が183系に。速度向上がはかられ、気動車特急初の表定速度80km/hを達成

グリーン車にキロ182形500番台を連結
していたこともあった『特急オホーツク』

『特急とかち』は、グリー
ン車なしの5両編成。
1991年にグレードアッ
プされて『スーパーとか
ち』に

北海道の特急としては最も長い歴史を持つ『特急おおぞら』。青函連絡線を接続して道内を
結ぶ役割から、長らく函館発着であったが、1986年に全列車札幌発着に変更された

0番台 スーパーとかち/オホーツク色

1991年に、ライトグレーにラベンダーと萌黄色の帯に塗色変更。ダブルデッカー車のキサロハ182形550番車両を組み込んで運行を開始した『スーパーとかち』

ヘッドマークのほか、運転席の下などに「SUPER TOKACHI」のロゴ入り。重量の多いダブルデッカー車を組み込むため、中間車にキハ183形550番を組み込んで出力を増強

『特急クリスタルエクスプレス』に使用されたキサロハ182形を手本に製造された、キサロハ182形550番車両。2階がグリーン車で、1階は普通車個室

スーパーとかちと同時期に塗装変更された、特急オホーツク用の車両。共通予備車としての意味があり、類似の塗色が採用されたが、先頭車の塗り分けが異なる。後にこの塗り分けに統一された

スーパーとかちの中間車には、550番台車が使用されていた。
この車両が特急北斗の高速化に転用されたため、キハ183系
基本番台車両がエンジン出力増強改造され、充当された

キハ183系

1997年に特急おおぞらにキハ283系が充当され、『スーパーおおぞら』に格上げされた際、キハ183系200番台車両のスーパーとかちは、『特急とかち』に戻された

スーパーとかちの出力増強のため、キハ182形のエンジンをN-DMF18HZ（600PS）に、キハ183形のエンジンをDMF13HZC（420PS）に改装。0番台が200番台車両となった

特急オホーツク用のキハ183系0番台車両の一部もエンジンが
改装されて出力が強化され、200番台に改められた

函館本線を走る特急北斗。先頭車両はキハ183形200番台車両。写真は、2013年に破損や発煙事故等が相次ぎ、NN183系車両の使用が停止された際に運行された臨時列車

2001年に、4両1編成が国鉄リバイバル色に塗色され、夜行快速『ミッドナイト』などとして札幌～函館で運行された。2009年まで活躍。2010年に廃車となった

（下）スラントノーズのキハ183形を先頭に走る『特急おおとり』。先頭車両の後ろにN183系の先頭車両や、国鉄色の車両などが連結されている。写真は1982年3月

気動車は編成単位ではなく、車両単位で検査に入るため塗り替えや改造過渡期に混色、混結編成がしばしば発生する。スーパーとかち編成に白オレンジの塗装が混じった一コマ

キハ183系の0番台車両を使用した『特急旭山動物園号』。
絵本作家のあべ弘士氏のデザイン。下の写真2点は2013年4
月までの外装。以降は内外装が一新されている

2016年まで、札幌〜旭山間を専用車で運転。後継は『特急ライラック旭山動物園号』。
車内では動物の着ぐるみを着たスタッフとの記念撮影が可能

1985年に急行が特急に格上げ・増発。先頭車両の不足が生じため、発電用エンジンを搭載したキハ184形の4両が改造され、キハ183形100番台となった

先頭車として新造されたキハ183形0番台車両などは、機械室を運転台の後ろに設置しているが、100番台は改造の際の都合上、客室扉と客室の間に設置されている

100番台の前面はスラントノーズではなく、貫通型へと変更。キハ82系やキハ181系に似ている。ライト類はキハ183形0番台に近い配置となっている

塗色の変更は編成ごとではなく、随時車両ごとに行われたため、塗り替え途中には新旧のカラーを組み合わせた編成が発生した

スラントノーズ型の先頭車両の印象と大きく異なる100番台車両

先頭車両は100番台車両。写真は2013年に破損や発煙事故等が相次いだ際に運行された臨時列車。先頭はオホーツクカラーだが、後ろ4両に旭山動物園号の車両が充当されている

100番台車両が先頭車の特急オホーツク。
2011年に函館本線旭川駅に入線する網走行

100番台 HET色

1997年に特急スーパーおおぞらに導入された283系に揃える形で、100番台車両も外装がHETカラーに変更された

HETカラーに変更された100番台車両が先頭車の夜行『特急まりも』。屋根の形状が4番客車のところだけ異なっている

N183系

（上）500番台は従来のキハ183系とも連結可能。高速化を狙いにエンジンやブレーキの改造や軽量化等を実施。登場時は110km/hだった最高速度は120km/hまで引き上げられた

（右）500番台のキハ183形、キハ182形、キロ182形のエンジンはDML30HSJ（550PS）。キハ183形1500番台はDMF13HS（250PS）を採用

グリーン車、キロ182形500番台は床板を50cm上げたハイデッカー車で、窓に曲面ガラスを使用。冷房装置は寝台客車用のAU76が車端部の屋根上に2基設置されている

1500番台の車両はサービス用の電源装置を、車内ではなく、床下に設置。台車はボルスタレス台車のDT53（1軸）とDT54（2軸）。付随車はTR239

車両前面の形状が大きく変更され、貫通型に。ライトは4つで、普通鋼製。先頭車よりも、中間車のほうが多く製造されている

N183 HET色

（上）1994年にキハ281系を使用した『特急スーパー北斗』が登場。特急北斗に充当されるキハ183系も、キハ281系に揃える形で車体のカラーや内装が変更された

（左）ライトグレーの地色。車両前頭部とデッキ部はコバルトブルーの塗色に。運転台側面に「HET183」（「Hokkaido Express Train 183」の略）と描かれている

1997年に特急スーパーおおぞらが、283系で運転開始。従来の特急おおぞら用の車両も内外装が揃えられ、HETカラーに。スカートも青色に塗装されている

NN183系は最高速度130km/h化されたが、N183系の特急北斗は最高速度120km/hのままであった

2000年に登場したキハ261系『特急スーパー宗谷』に合わせ、『特急サロベツ』『特急利尻』用の1500番台は、内装をキハ261系と同仕様に変更した

特急サロベツ、特急利尻用のキハ183系の1編成。一般公募によるデザインのラッピングが施されている。2007年7月撮影

NN183系

N183系を改良した550番台・1550番台（NN183）。先頭車のキハ183形1550番台と、中間車のキハ182形550番台、キサロハ182形550番台の合計32両が新造された

1550番台の車両。基本構造は500番台と同様だが、120km/hでの運転を実施するための改造が施されている。キハ183系1550番台のエンジンはDMF13HZ（330PS）

キハ183系1550番台車両。サービス用の電源装置としてDMF13HS-Gに、3両への給電可能な、180kVAの発電機DM82Aを搭載している

3550番台の車両。特急北斗の最高速度を130km/hにアップするため1993年に550番台・1550番台が改造され、2550番台・3500番台に。ダイナミックブレーキ等を設置

先頭車両のキハ183-1550番と、キハ182-550番、キサロハ182-550番が製造され、キハ183-550番は製造されていない

2550番台車両を従来の車両とも併結できるように、ブレーキ切替装置を付け対応したのが4550番台。タイフォン下に130/120と記されているのが特徴

キハ183系

2013年に相次いでエンジン破損等が発生したため、2550番台・3550番台のエンジンをキハ261系1000番台と同様のN-DMF13に改造して、7550番台・8550番台に

エンジン破損等への対応のため、3550番台の車両もN-DMF13HZKに改造され、9550番台に。現在も『特急大雪』や特急オホーツクとして使用される

6000番台（お座敷列車）

団体臨時列車等で用いる「お座敷列車」の走行速度向上のため、500番台と1550番台車両3両を、お座敷列車である6000番台に改造

キハ183系スラントノーズ車両との併結。編成内の速度の遅い車両に合わせて、最高速度は110km/h。車内には、掘りごたつ化できる通路がある

特急北斗と併結されている6000番台車両。機関車牽引で、青函トンネルの通過及び本州への乗り入れも可能。赤、黒、金で華やかさを演出した和風の塗装。内装は畳敷き

6000番台の車両は時に利用客が少ない定期特急にも併結され、付加価値を生むためにも利用された。ブレーキ等の改良工事施工済みで、0番台・500番台との併結も可能

道内の客車夜行急行は平成初頭に次々と気動車化。寝台列車の需要は高く、14系客車も気動車との併結可能な状態に改造され、キハ400やキハ183系の編成に組み込まれた

1995年に夜行『急行まりも』が特急に格上げされ、特急おおぞら13号・14号として運行されるように。寝台車2両を含む編成。寝台車連結時の最高速度は95km/h

札幌～釧路を結ぶ特急まりも。特急おおぞらがキハ283系化された際に、夜行の特急おおぞら13号・14号の列車名は、特急まりもに改称された

急行利尻は道内客車夜行急行で、14形客車を併結した最初の列車。急行利尻はキハ400形が使用されていたが、2000年の特急化でキハ183系に置き換えられた

1992年に『夜行急行大雪』を特急化した列車が、札幌～網走を結ぶ特急オホーツクの9号・10号。キハ183系車両に、寝台車を連結した初の列車。基本は1両を連結。グリーン車車両も組み込まれている

クリスタルエクスプレス/レインボーエクスプレス

1989年に登場した『クリスタルエクスプレス トマム＆サホロ』は、石勝線向けのリゾート列車。中間のキサロ182形5100番台は気動車初のダブルデッカー

1992年に登場の臨時のリゾート列車『ノースレインボーエクスプレス』は5両編成。ハイデッカー構造で1両がダブルデッカー車。5200番台車両を使用。最高速度は130km/h

冬季の臨時列車『流氷特急オホーツクの風』として運行されるノースレインボーエクスプレス。各車両ごとにテーマカラーが決まっている。札幌〜網走間以外に本州内を走行することもあった

ニセコエクスプレス

主にニセコエリアのスキー場へ向かう冬季の臨時列車『ニセコエクスプレス』。1988年に登場。3両編成で、NN183ベースの5000番台車両が利用されている。JR初のプラグドアを採用。最高速度120km/h

キハ183系

5001番車両は、2020年よりニセコ駅の転車台横に保存される。写真は大手空港会社とのタイアップ車両『ANAビックスニーカートレイン』

(左) 車両前面は、大型曲面ガラスを使用した展望室。リゾート列車として、客室内の空間も広めにとられている。車両内デッキ部の冷房装置は冬季には撤去され、スキー置き場に

(右) 北海道日本ハムファイターズの応援列車として、球団のロゴなどがペイントされたニセコエクスプレス。『臨時特急ファイターズ号』として活躍

電車・気動車と、世界初の動力共調運転が可能。双頭連結器を装備しており、『オランダ村特急』として鹿児島本線内を走行する際には485系の『特急有明』と併結して運行された

（左）1988年に小倉〜佐世保間を走る『オランダ村特急』に使用された1000番台車両。編成は1編成のみで、九州を走行した唯一のキハ183系。前面はパノラマ式の展望室。性能はNN183と同等

（下）オランダ村特急は1988年に登場した3両編成の臨時列車。翌年4両編成に。オランダ国旗と同じ、3色の塗装。1992年に同区間を走行する『特急ハウステンボス』登場後、車両はその他の列車に転用された

オランダ村特急引退後の1000番台は、キハ71系に合わせて
改造され『特急ゆふいんの森Ⅱ』に転用。1999年のキハ72系
増備まで、同列車に使用された

（上）1999年3月から1000番台車両は『特急シーボルト』に転用。
大村線初の全線を走行する特急として、長崎〜佐世保間を結ん
だ。車体は再び3色のカラーに塗装が変更されている

（右）特急シーボルトは、『快速シーサイドライナー』の実質的な格
上げ列車。2003年3月に廃止された。写真は1999年3月のもの

キハ183系1000番台車両の4両編成は、1編成のみ。165系を使用したJR東日本の
ジョイフルトレイン『パノラマエクスプレスアルプス』（1986〜2001年）に近い形態

2004年からは九大本線で『ゆふDX』として使用。博多～由布院～別府を走行。800系新幹線
にも使われる古代漆塗りイメージした赤色に塗色変更され、内装も一新された

2008年月に山吹色に変更されたゆふDX。この際に前面にフォグランプが増設された。
2011年１月まで運行された

2011年６月から熊本～宮地間を走る『特急あそぼーい！』。車体に犬のキャラクター『くろちゃん』が
描かれている（2020年現在は熊本～別府で運行）

キハ183系特急の主な路線図

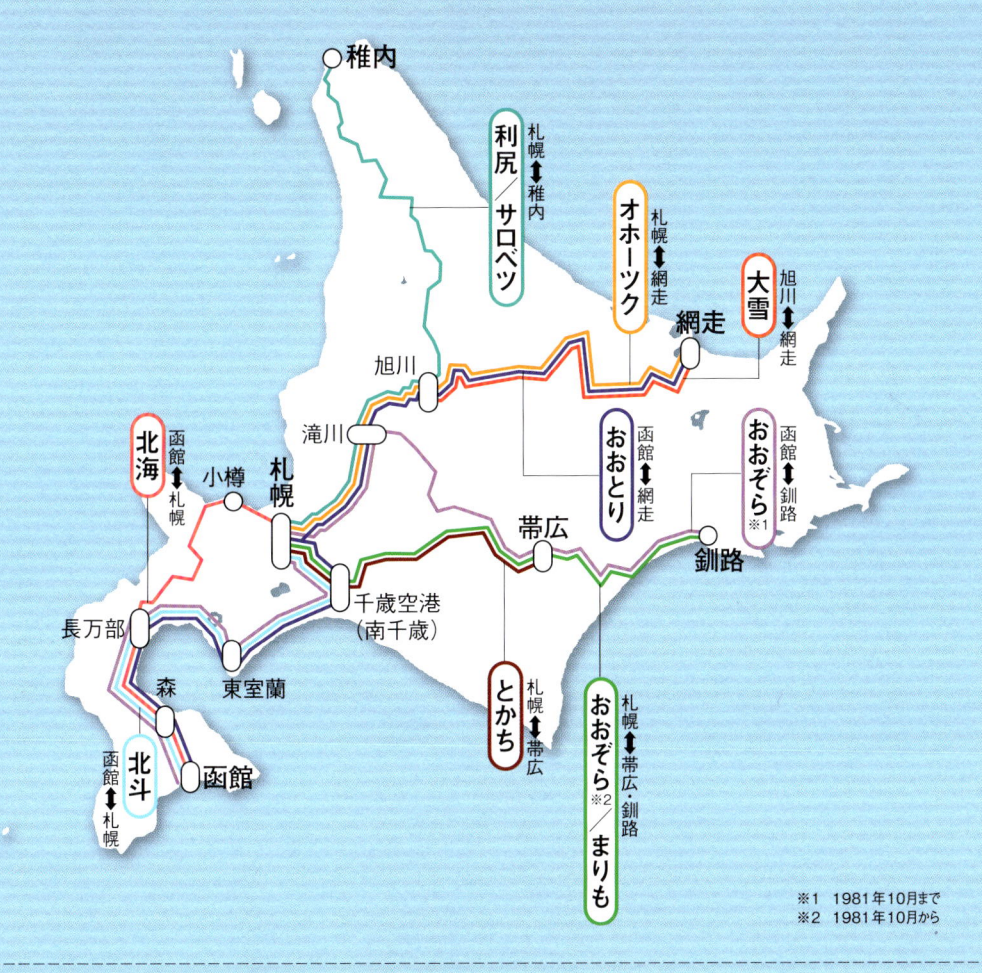

※1　1981年10月まで
※2　1981年10月から

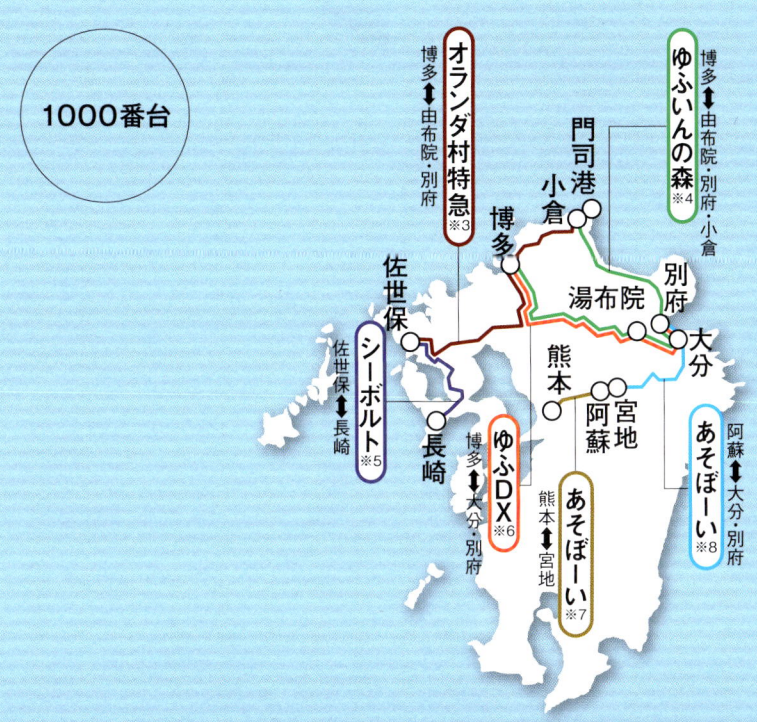

1000番台

※3　1988年3月から1992年3月まで
※4　1992年7月から1995年4月は
　　博多〜由布院〜小倉
　　1992年7月から1995年4月は
　　博多〜由布院〜別府
※5　1999年3月から2003年3月まで
※6　2004年3月から2011年1月
※7　2011年6月から現在運休中
※8　2017年7月から

キハ185系

民営化直前に作られたディーゼル特急用車両

1986年製造の、国鉄特急型車初の本格ステンレス車。国鉄分割民営化後のJR四国の経営を鑑み、経営基盤強化のため、急行を特急に格上げして増収をはかるねらいで製造された。

キハ58系などの急行型車両の老朽化に備える意味もあり、短編成化を見据えた特急車両。車両性能は向上しているが、製造価格は

低減されている。バス用の冷房装置を2基設置している。先頭車両は、キハ183系500番台に準ずるデザイン。国鉄特急のシンボルである、車体前面の特急マークや、JNRのマークが付けられていない。

　基本番台26両、1000番台18両が製造され、後にグリーン車・普通車の合造車であるキロハ186形が8両が新造されるなど、全部で52両が製造された。1986年11月から『特急しおかぜ』と『特急南風』に投入された。

SPEC
製造年●1986年〜1988年
導入●1986年11月1日
製造数●52両

材質●ステンレス
最高速度●110km/h
所属●日本国有鉄道／
　　　JR四国／JR九州

国鉄色

予讃本線を試運転中のキハ185系。1986年の登場時のカラーは緑。5両編成の全てが先頭車両。讃岐塩屋〜多度津間を走行中の写真

瀬戸内海を渡る海鳥をイメージした、特急しおかぜのヘッドマーク。1988年4月まで使用された

足摺岬に咲く椿をイメージした、特急南風のヘッドマーク。1986年11月〜1988年4月頃まで使用された

5両編成中4両が先頭車。185系は1986年から全52両が製造され、うち44両は先頭車両。写真は1987年に撮影された瀬戸内海をバックに走る特急しおかぜ

JR四国色

国鉄分割民営化の際、緑色だったキハ185系はJR四国のコーポレートカラー、青26号に塗色変更された。写真は1988年に『急行阿波』から格上げされた『特急うずしお』

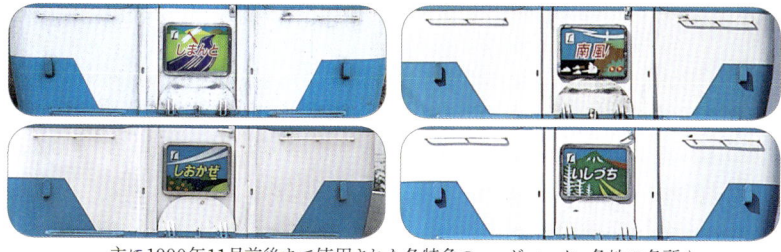

主に1990年11月前後まで使用された各特急のヘッドマーク。各地の名所や名物、祭などをイメージした絵柄が配置されている

1989年に1年間のみ運用された、JR四国最後の定期急行列車『よしの川』。1999年に『特急剣山』に吸収されて引退

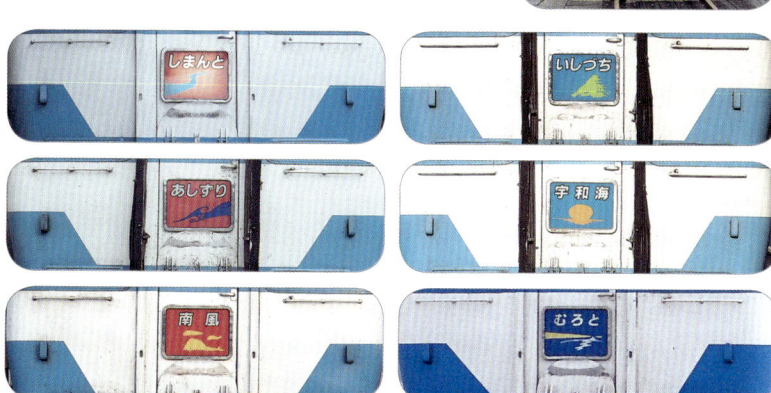

1990年11月から現在まで使用される各特急のヘッドマーク。同時に、世界初の振り子式気動車2000系の運用が開始された

1988年時点のキハ185系2両編成。瀬戸大橋（本四備讃線）を試運転中。車体の塗り替え作業中らしく、緑色と青色の塗色の車体が連結されている

特急剣山、特急うずしおなどに使われる185系は、2013年頃にライトブルーの太帯にダークブルーの細帯に塗色変更された。写真は牟岐線を走る『特急ホームエクスプレス阿南』

剣山色

1996年から運行された特急剣山。特急剣山は徳島線高速化工事の完成時にデビュー。塗色は剣山色と通称された

剣山色に変更された後の車両。1998年4月に高徳線の三本松で撮影された高徳線の特急うずしお

『ゆうゆうアンパンマンカー』を連結した剣山色の特急うずしお。2013年8月時点のもの。高知県が作者・やなせたかし氏の出身地であることに由来する人気列車

2000年8月に撮影された牟岐線の『特急むろと』。特急剣山、特急うずしお、特急むろとなどに使用されたキハ185系の車体の塗色は、水色の太帯に変更

牟岐線の日和佐駅に近い薬王寺へ初詣に向かう参拝客を運ぶ『特急やくおうじ』。後ろ3両が特急うずしお。写真は2010年1月

0番台2両が3000番台に、1000番台8両は3100番台に改造された。さらに、2006年の特急むろと増発の際に3000番台が再改造され、0番台の特急仕様に戻された

3000番台/3100番台

1999年7月から走行を開始した、キハ185系3000番台車両。1998年から特急うずしおの車両がN2000系気動車に置き換えられた際、松山地区に移籍投入された改造車両

1000番台から普通列車化された3100番台のキハ185系。JR四国の一般形気動車（キハ32系、キハ58系など）との連結が可能に

宇和島駅でN2000系気動車の『特急宇和海』と並ぶ、キハ185形の3100番台。テーブルの撤去、座席リクライニングの固定、塗色変更等の改造が施され、普通列車化されている

あい/I Love しまんと

『特急あい』は、1998年4月〜1999年3月に徳島〜阿波池田間で一日三往復運行された臨時特急。列車名は藍染の「あい」に由来する。車両前面には、徳島県に伝わる物語『阿波狸合戦』にちなんだたぬきが描かれている

1997年に松山〜高知間を、後に宇和島〜高知間を走った臨時特急。車体側面には四万十川のアマゴ、カワエビ、トンボ等が描かれている。ヘッドマークは四万十川とアユの絵柄

沿線の活性化を目的に投じられた予土線初の『臨時特急 I LOVE しまんと』。185系の2両編成。車体正面の顔はカワウソの絵

おおぼけトロッコ

連結するキクハ32系と揃えるためか、国鉄色に
似た緑色の帯が塗られた車両。写真は大歩危
に停車中の『おおぼけトロッコ』

キクハ32形はJR四国が
観光用に新生したトロッ
コ列車で、キハ185系と
連結する前提で作られて
いる。『四万十トロッコ
号』にも使用された

（上）2013年8月に撮影され
た初代の『瀬戸大橋アンパ
ンマントロッコ』。ヘッドマー
クにのみキャラクターが描か
れている

（右）『清流しまんと』の後継
車である、おおぼけトロッコ。
トロッコ列車であるキクハ32
形と連結する。写真は1998
年4月の高知運転所

アンパンマントロッコ/志国高知 幕末維新号

キハ185形をグリーン車化（ボックスシート化）した、キロ185形が先頭車の瀬戸大橋アンパンマントロッコ。写真は2006年から登場した2代目の編成

客車は185形との連結を前提に新造されたトロッコ列車、キクハ32形。車内にも人気のキャラクターが描かれている

2017から春季に運転される観光列車『志国高知 幕末維新号』。空転対策のためのキハ185系が併結されている。高知〜窪川間で運行。車体には高知の志士の肖像画が入る

トロッコ列車側の座席ではなく、現在は高知地区で定期運用がないキハ185系側に乗車できるツアーなども実施され、人気を呼んだ

四国まんなか千年ものがたり/アイランドエクスプレスⅡ

2017年から運行される観光列車『四国まんなか千年ものがたり』。3両編成で各車両が四季を表す色に塗られている。キハ185系の改造車、キロ185系1000番台車両を使用

キハ185系

2号車は海側と山側で塗色が異なる。『アイランドエクスプレス四国Ⅱ』のキロ186のうち1両を再改造した車両。

キロハ186を改造したアイランドエクスプレス四国Ⅱ。1999年に登場。引退した『アイランドエクスプレス四国』の後継車で、団体専用列車

写真の車両がキロハ186を改造したキロ186。この車両自体には運転台がないため、デッキの部分に専用の塗装を施したキハ185系と運転される

ゆふ/あそ

『特急ゆふ』は、九州に初めて投じられたキハ185系車両。1992年2月にJR四国で一度廃車となり、JR九州小倉工場で改造されて、1992年7月に車籍が再登録された

2000系の登場でキハ185系の20両がJR九州に譲渡され、特急ゆふや『特急あそ』などに充当された。工業デザイナーの水戸岡鋭治氏による赤、黒、紺のカラーリング

1992年の特急ゆふ。中間車はキロハ186形の改造車キハ186形。内装が変更され、エンジンが2基に増設されている。また、JR九州のコーポレートカラーである赤色に変更されている

『急行火の山』が格上げされて特急あそに。運行開始当初は、特急ゆふの編成車両と使い分けられており、車体正面のヘッドマークにそれぞれの列車名が表記されていた

久大本線の由布院～南由布間
を走る、4両編成の特急ゆふ。
1993年11月撮影

1999年3月に熊本運転所所属の特急あそ用の185系が大分
運転所に転移。以降は特急ゆふと共通で運用された。車体
正面等の列車名も「あそ」「ゆふ」が併記されるように

2004年の九州新幹線開業時の列車整理の際に特急あ
そが廃止。『特急くまがわ』と『九州横断特急』が誕
生。JR初の特急列車ワンマン運転を行った

2004年に特急あそが廃止になり、車体の表記も特急ゆふのみに戻された。車両リニューアルと
エンジン改装も実施。前面の照度確保のため、フォグランプが取り付けられた

九州横断特急/AROUND THE KYUSHU

赤色に塗装済みの車両と、塗装前の車両が併結された3両編成の九州横断特急。2004年3月時点のもの。ワンマン化改造済みで「ワンマン」のプレートが掲出されている

赤色の塗装の185系。ワンマン運転に対応した改造を実施。車体側前面に、黒字に金色のエンブレム風の模様と、九州横断特急の文字が描かれている

キハ185系の内装リニューアル車を使用した特急くまがわ。水戸岡鋭治氏によるデザイン。床やシートに木材を使用し、前面にフォグランプを設置

2018年12月時点で、「AROUND THE KYUSHU」のロゴが描かれた特急ゆふ。赤一色の塗装になり、車体に九州の各県名も表記された。行先表示機もLED化

A列車で行こう

キハ185形の4番と1012番車両の改造車両。2011年から熊本〜三角間で運行。内装は観光列車として改造されており、4人がけのコンパートメント席などが設置されている

キハ185系

2011年10月に登場した特急『A列車で行こう』。主に熊本〜三角間を走行。ワンマン運転だがアテンダントが乗車。大航海時代の欧州と天草がテーマで、1号車にバーが設けられている

キハ185系特急の主な路線図

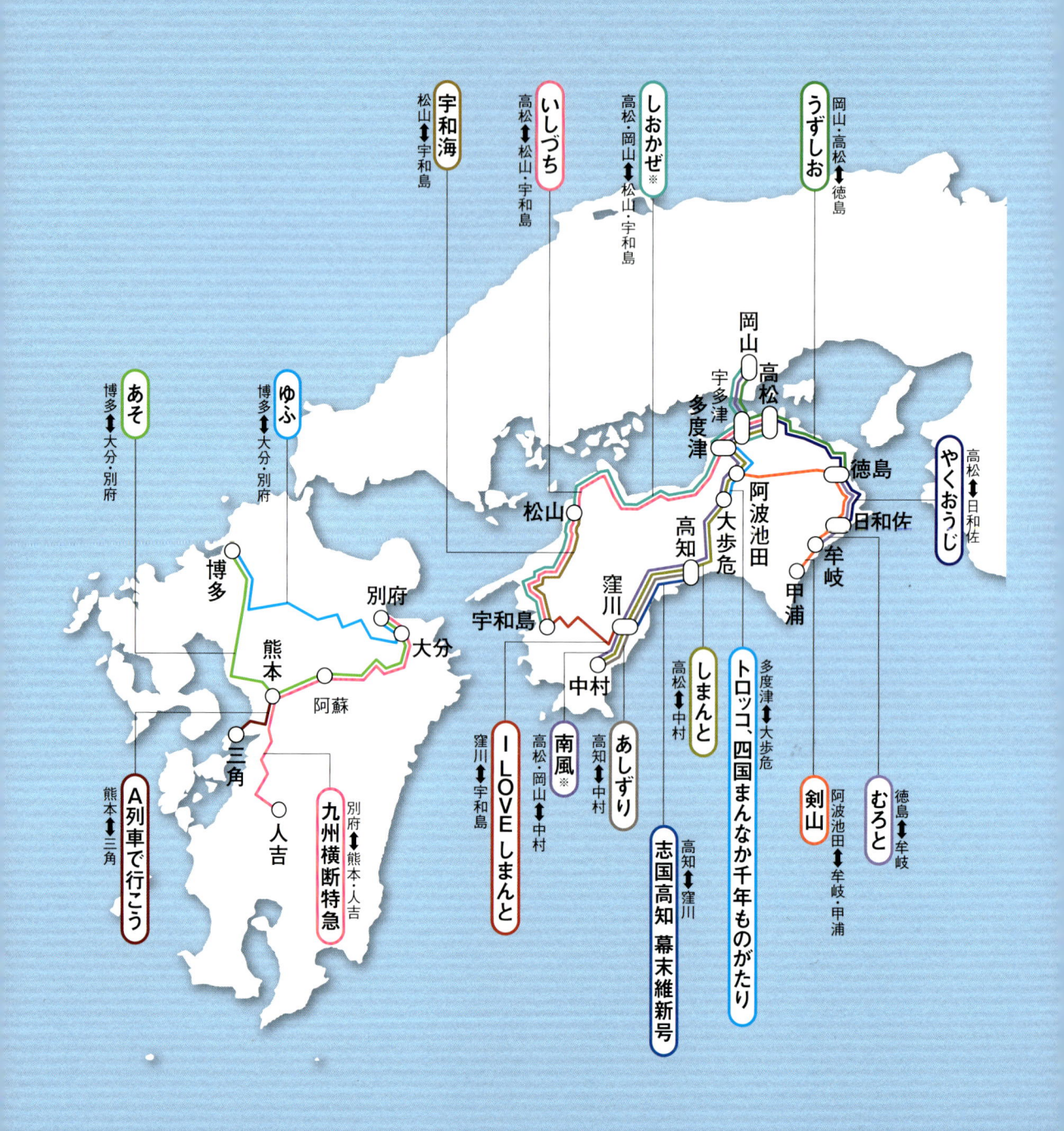

宇和海
松山◀▶宇和島

いしづち
高松◀▶松山・宇和島

しおかぜ ※
高知・岡山◀▶松山・宇和島

うずしお
岡山・高松◀▶徳島

あそ
博多◀▶大分・別府

ゆふ
博多◀▶大分・別府

やくおうじ
高松◀▶日和佐

A列車で行こう
熊本◀▶三角

九州横断特急
別府◀▶熊本・人吉

I LOVE しまんと
窪川◀▶宇和島

南風
高知・岡山◀▶中村

あしずり
高知◀▶中村

しまんと
高松◀▶中村

トロッコ、四国まんなか千年ものがたり
多度津◀▶大歩危

志国高知 幕末維新号
高知◀▶窪川

剣山
阿波池田◀▶牟岐・甲浦

むろと
徳島◀▶牟岐

博多
別府
大分
熊本
阿蘇
三角
人吉

岡山
高松
宇多津
多度津
松山
高知
大歩危
阿波池田
徳島
日和佐
牟岐
甲浦
窪川
宇和島
中村

※ 1988年4月 9日まで高松発着
　 1988年4月10日より岡山発着

Extra

157系

1959年に登場した157系（通称「日光型」）。運行開始時は『準急日光』『準急なすの』などに使用されていた。内装は151系に近く、外装や性能は153系に似ている

運転台が高い位置にある構造。登場時はクリーム4号と赤11号の急行色。写真は1961年に東海道本線品川で停車する『準急伊豆』

1959年10月東北本線の黒磯駅で停車中の準急なすの。157系はクモハ157、モハ156、サロ157、サハ157で構成される編成で運用されていた。最高運転速度は110km/h

1964年8月の東海道本線鷲津〜新居町間を走る『特急ひびき』。登場時の157系は「デラックス準急」との呼び声が高く、特急列車としても使用された

宇都宮に停車する『急行日光』。屋根上に冷房装置が増設され、塗色が特急色に改められた。
157系は1976年に引退するまでに、準急、急行、特急とさまざまに活躍した

1969年に『急行伊豆』の一部区間を分離・格上げして登場した『特急あまぎ』。東京〜伊豆下田間を運行。
基本の7両編成に2両を増結した9両編成でも運行された。写真は1975年

ヘッドマークが181系など
と同様の形状に変更され
た『特急あまぎ』

東北本線川口〜赤羽間を走行する『特急白根』は『特急草
津』の前身で1971年に運転開始。1975年頃183系に置き換
えられている

クロ157

（上）皇室や外国賓客の
ご移動のための列車とし
て、1960年に製造された
クロ157-1。川崎車輌製

（右）クモハ157-1、モハ
156-1、クロ157-1の各1
番車による3両編成。昭
和天皇が葉山や那須の
御用邸にお出かけの際、
このような編成が使用さ
れていた時期がある

原宿駅の宮廷ホーム（原宿駅側部乗降場）に降りられる昭和天皇。多摩御陵（旧名）参拝後に、
高尾から戻られた際のご様子。宮内庁記者が同乗した初のお召列車でもある

原宿駅の宮廷ホームに停車するクロ157-1と、183系1000番台車両。ヘッドマークが白幕になっている

185系6両に、クロ157-1を連結した7両編成。貴賓車であるクロ157を中間に挟む形で連結されている

侍従者等が乗車する「供奉車(ぐぶしゃ)」が、田町電車区に所属する183系の1000番台に変更された編成。クロ157-1は中央に連結されている

183系と連結して使用されるようになり、クロ157-1も185系に合わせた白と緑に塗色変更された

乗降扉は4枚折り戸で、前後に2カ所設置。クロ157-1は1993年9月に運転後、長く田町電車区で保管されていたが、現在は東京総合車両センターで保管されている

2006年10月に、当時の天皇皇后両陛下が「平成18年 全国豊かな海づくり大会」へ向かわれる際に佐賀〜唐津間で運転されたお召列車。キハ185系列車が使用されている

国鉄型特急車両

電車・気動車
全車種コンプリートビジュアルガイド

2019年7月25日　初版第1刷発行
2020年11月25日　初版第2刷発行

著	レイルウエイズグラフィック
発行者	長瀬 聡
発行所	グラフィック社
	〒102-0073
	東京都千代田区九段北1-14-17
	tel.03-3263-4318（代表）　03-3263-4579（編集）
	fax.03-3263-5297
	郵便振替　00130-6-114345
	http://www.graphicsha.co.jp/
印刷・製本	図書印刷株式会社
写真協力	浅原信彦
	伊藤威信
	井上恒一
	牛島完
	宇都宮照信
	野沢敬次
	松本正敏
	宮澤孝一
アートディレクション	大久保敏幸
デザイン	田代保友
	徳野なおみ
	斉藤祐紀子
企画・編集	坂本章
編集・ライター	林真理子（Stun!）

定価はカバーに表示してあります。
乱丁・落丁本は、小社業務部宛にお送りください。小社送料負担にてお取り替え致します。著作権法上、本書掲載の写真・図・文の無断転載・借用・複製は禁じられています。本書のコピー、スキャン、デジタル化等の無断複製は著作権法上の例外を除き禁じられています。本書を代行業者等の第三者に依頼してスキャンやデジタル化することは、たとえ個人や家庭内での利用であっても著作権法上認められておりません。

ISBN978-4-7661-3306-6　C0065
Printed in Japan